若原 正己
MASAMI WAKAHARA

ヒトはなぜ争うのか

進化と遺伝子から考える

新日本出版社

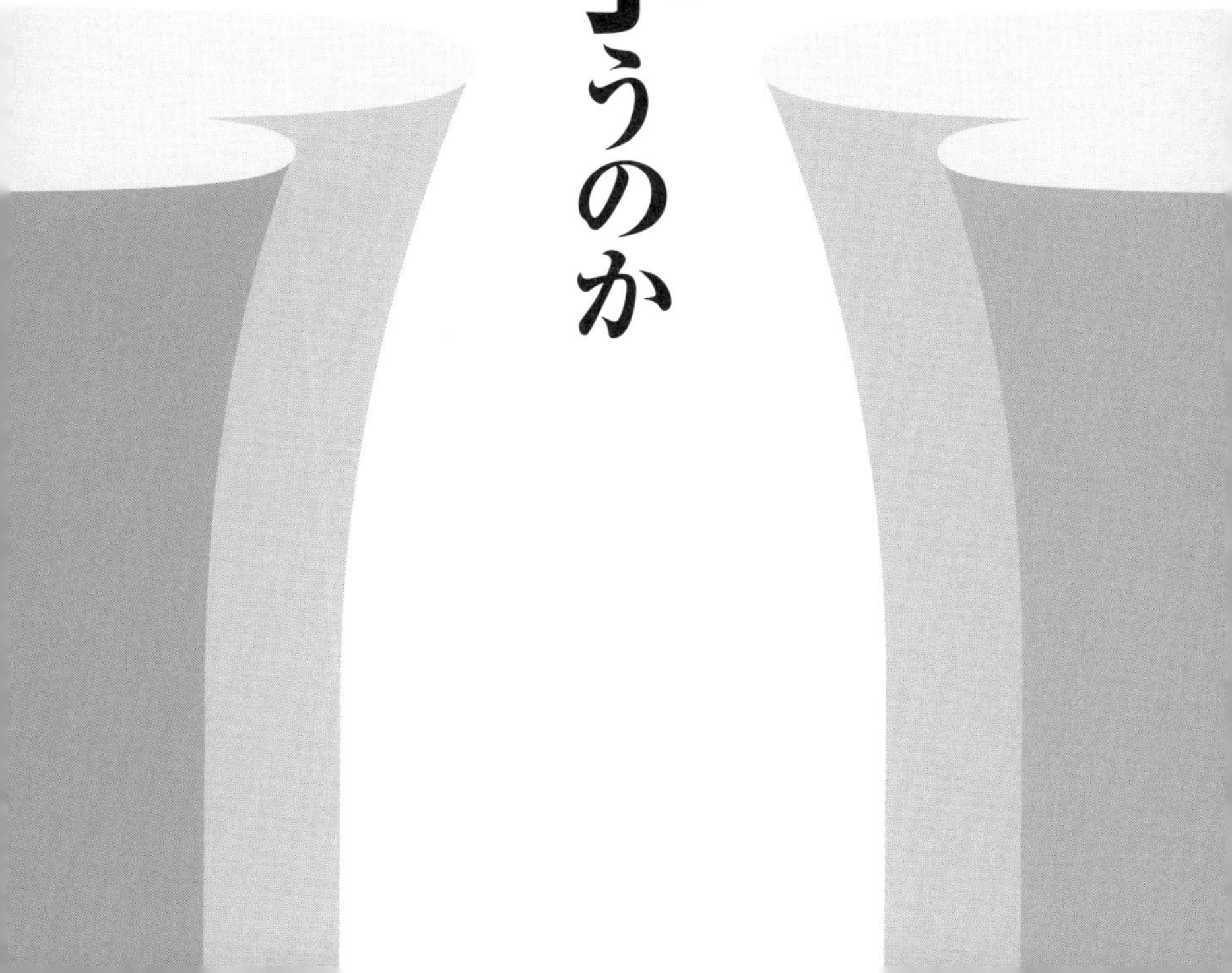

まえがき——われわれは何者か

21世紀の幕開けは、2001年9月11日、ニューヨークの世界貿易センタービルがイスラム過激派のテロリズム攻撃によって瞬く間に崩壊した事件によって始まった、と言ってよいだろう。それまでの西欧中心主義、かっこ付きとはいえ大勢の人が信じてきた民主主義の価値観が大きく揺らいだ。日本では、2011年3月11日の東日本大地震とそれに引き続く東京電力福島第一原子力発電所のメルトダウンが、私たちの価値観を大転換させる大事件だった。かつてないほどの大規模な自然災害による途方もない破壊力は日本人を驚愕《きょうがく》させ、現在の科学技術の力では処理しきれない深刻な放射能汚染は、日本人の生き方を問い直すものとなった。

石川啄木が「時代閉塞《へいそく》の現状（強権、純粋自然主義の最後及び明日の考察）」を東京朝日新聞に書いたのが1910年。それから100年以上たっているが、今の私たちをとりまく「閉塞感」はその時とあまりにも似ているように思う。悲惨な太平洋戦争の反省の上に作られた平和憲法を改悪し、海外での武力行使を可能にしようとする動きが強まり、まるで戦前に回帰したかのような空気も漂っている。

特に、若い人たちの間で生きにくさがひどくなっている。使い捨てのような雇用、非正規雇用の増大、ブラック企業の横行などによって、世の中の今後が見えず、人生の目標も見当たらず、何をやっていいのかわからない若者が増えている。そうした中で、イスラム原理主義の中でも極端な過激派で、敵対者への無差別殺人を呼びかける「ＩＳ（イスラム国）」への共感を覚える若者も登場した。

第１次世界大戦、第２次世界大戦、そしてベトナム戦争、湾岸戦争と戦争が続き「戦争の世紀」と言われた20世紀が過ぎ去り、平和な世紀が訪れるという期待もむなしく、21世紀に入っても地球上のあちこちで戦争が起きている。特に民族紛争、テロがひっきりなしで、閉塞感は吹っ切れないどころか、世の中の先行きが見えない混迷の時代が続いている。

しかし、そうした中でも、日本人のたとえば災害時のボランティア活動には目を見張るような素晴らしいものがある。金銭的な報酬なしで献身的に働く姿には、頭が下がる。社会的・政治的な課題をめぐっても、新しい運動の芽が生まれている。２０１５年の安全保障関連法案をめぐっては、従来の政党や労働組合の枠を超えて、政治に無関心と言われた青年・学生・主婦たちも立ち上がり大きな反対の声を出し始めた。また、原発再稼働に反対するデモも「草の根」運動のように巻き起こっている。こうした新しい運動の芽は、インターネットを通じた情報の共有によって、特定の司令部なしで巻き起こってくることが特徴だろう。

戦後日本にやってきたルース・ベネディクトは、その著書『菊と刀』（１９４６年）で、日本人の特性を「喧嘩好きだが、おとなしい。不遜であるが、礼儀正しい。頑固であるが、順応性に富む。怒りやすいが、従順である。保守的であるが、新しいものを歓迎する」などとして、二面性、二重性を持っていると指摘した。しかし、こうした二面性は日本人に限らず、人間が本来持っているものではないか。

人間とは何者か、を考えるのはきわめて哲学的なもので、ある意味で非常に普遍的なテーマだから、昔からさまざまな議論がなされてきた。中でも有名なのは、フランスの後期印象派の画家でゴッホと並び称されるゴーギャンが晩年タヒチ島へ渡り、最後に描いた作品だ。タイトルは『われわれはどこから来たのか、われわれは何者か、われわれはどこへ行くのか』（ボストン美術館所蔵）というものだ。幅3・7メートルの大キャンバスに描かれた油絵は、右から左に向かって人間の一生を表している。一番右は赤ん坊の誕生。一番左は老女の苦悩と絶望を描き、死のイメージだ。中央の左でリンゴを食べている若い男女は、知識を求めるアダムとイヴの原型だろう。

この作品は、フランス領ポリネシアのタヒチ島で、単純ながらきちんと営まれている生活、すべてがそぎ落とされた生活をしている原住民に人類の未来を託した作品だ。

このように多くの人は、人間とは何か、ヒトがどこから来てどこへ行くのかを昔から真剣に考えてきた。私は専門が生物学だから、ヒトも間違いなく生物の一種であり、生物進化の流れに乗っているという点を強調しながら、「人間とは何か」、「ヒトはなぜ争うのか」を考える。

＊目次

第4章　日本人はどこから来たのか　87

第5章　ヒトと野生動物を分けるもの　115

第1章　全宇宙の中でヒトを考える

だれでも子どものころに1度や2度は「宇宙の果てに何があるのだろうか」、「自分が死んだあとの世界はどうなるのだろうか」、「満天にきらめく星が自分の上に落ちてきたらどうしようか」などと考えたことがあるのではないか。

この章では、全宇宙の中でのヒトの存在理由を考える。存在理由などと言うと少し大げさで難しい表現だが、広大無辺の宇宙の中でのヒトの立場、人類の位置みたいなもので、結局「ヒトとは何か」を考えることになる。

全宇宙に対して、人間を「小宇宙」と表現することもある。全宇宙は想像を絶する広さと歴史をもった壮大なものだが、身長わずか2メートル以下、体重60キログラム程度のヒトも、全宇宙に匹敵するほど複雑で不思議な存在だということをさす言葉だ。

「ヒトとは何か」という質問は昔から問い続けられ、いまだ完全な答えは得られていない。これから悠久の大宇宙と、その中でそれを考える人間がどのように出現してきたかを考える。大宇宙に対しての小宇宙を考える前に、生命とは何か、生物の特徴は何か、から始めよう。

■宇宙の歴史を1年に置き換えてみる

宇宙の起源については、さまざまな説があるが、私たちが知りうる宇宙の歴史は、137億年前のビッグ・バン（原初大爆発）までさかのぼることができる。

ところが、この137億年という時間はあまりにも長くて、私たちには直感的に理解しにくい。そこで、アメリカの宇宙物理学者カール・セーガン博士（1996年没）が、この137億年にわたる宇宙の歴史を、私たちが実感できる1年に縮めることによって、その長さを理解しようと考えたのが「宇宙のカレンダー」だ。

ちなみにこのカレンダーは、宇宙の全歴史である137億年を、1年の365日に置き換えたものだから、1日が約3750万年という時間になる。

宇宙の誕生以降、現在までの主な出来事をまとめてみると、次のようになる。

1月1日	宇宙の始まり（ビッグ・バン）	137億年前
5月1日	銀河系の起源	90億年前
9月14日	地球の起源	45億年前
9月25日	生命の起源	38億年前
11月1日	性の発明	23億年前

11月11日	光合成の始まり	19億3000万年前
12月17日	カンブリア紀の大爆発（無脊椎《せきつい》動物の繁栄）	5億5000万年前
12月19日	脊椎動物の始まり	4億2000万年前
12月20日	植物の陸地移住	3億8000万年前
12月21日	動物の陸地移住	3億4000万年前
12月24日	最初の恐竜	2億4000万年前
12月26日	最初の哺乳《ほにゅう》類	1億6000万年前
12月28日	恐竜の絶滅始まる	1億年前
12月29日	最初の霊長類	5000万年前
12月31日	最初の人類	700万年前
同23時46分	北京原人の火の使用	50万年前
同23時59分20秒	農業の発明	1万年前
同23時59分59秒	実験科学の始まり	500年前

宇宙のカレンダーで言えば、ヒトの活動は12月31日大晦日《おおみそか》の後半、除夜の鐘の直前になってからだということがわかる。宇宙史的に見ればほんの一瞬だ。

■生物と非生物は何が違うのか

全宇宙の中でのヒトを考える第1歩として、ヒトを含めた生物が他の非生物的な物質とどう違うのか考えてみよう。

そこで、少し原理的に宇宙の全体構造はどうなっているかを調べてみる。極小の世界（素粒子）から極大の世界（宇宙全体）までを、模式的に表したのが図1だ。

図１　全宇宙の物質の階層性

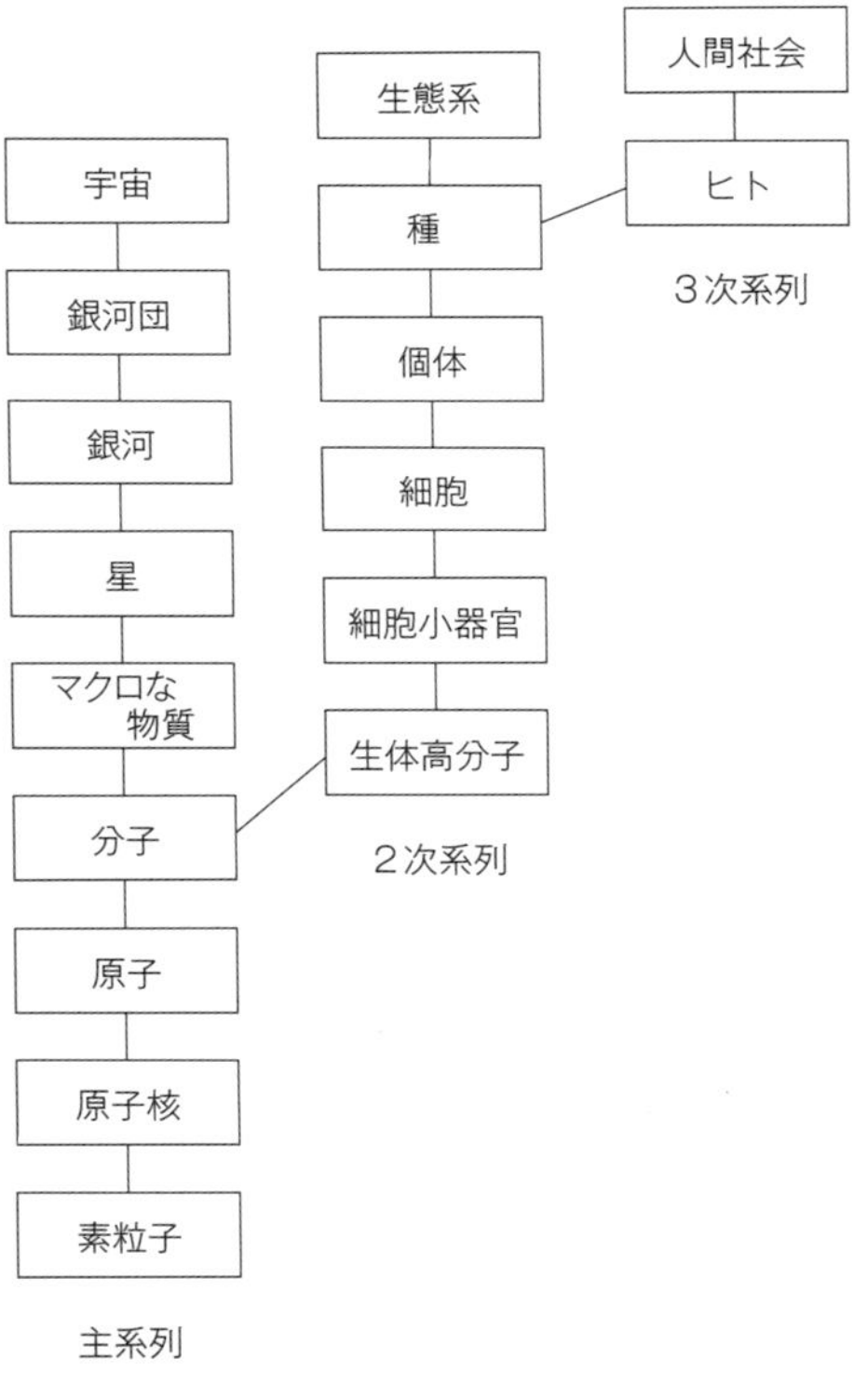

主系列は、無機的・物理的な世界。生物（2次系列）は、主系列と同じ原子・分子から派生し、3次系列（ヒトの世界）は、2次系列から派生した。『なぜカエルからヒトが生まれないのか』若原正己著、リヨン社、1992年、図7－1から改変。

宇宙の歴史から言えば、生命の起源は９月25日（38億年前）だから、それ以前は生命のない世界だ。だから、宇宙はもともと生命のない無機的な物質の集まりだったと考えることができる。図１では、無機的物質・無機的自然のありようを、その大きさのレベルに従って下から順に縦に並べているが、これを主系列という言葉で表す。

全宇宙を作っている物質の一番小さな単位は素粒子だ。もっと小さな粒子に分けられるかもしれないが、とりあえず今回は素粒子を基本粒子と考える。その素粒子が集まり原子ができ、原子が集まって分子ができ、分子が集まって「マクロな物質」ができる。マクロな物質とは、目に見える大きさの物質というくらいの意味だ。そうしたマクロな物質が集まって星（たとえば太陽や地球）が出来上がる。その星がさらに集まって銀河ができ、銀河が集まって銀河団を作り、そうした多数の銀河団の集合が宇宙を作っている。この主系列はすべて無機的な物質の集まりだから、物理学・化学の世界だ。

主系列を見る限り生物はいない。生物はこの主系列から２次的に派生したものだ。だから、生物の世界を２次系列と呼ぶ。

生物学的世界（２次系列）について考えてみよう。

まず、生物の体は細胞から成り立っている。１個１個の細胞は、核、核小体、ミトコンドリア、リボソームなどの部品（細胞小器官、またはオルガネラと呼ぶ）から構成される。さらにすべての細胞小器官は、核酸、タンパク質などの高分子（生き物の体を作っている高分子なので、生体高分子という）からなっている。生体高分子といえども分子には違いないので、それらはすべて原子から出来上がっている。

こうしてみれば、生物の体は最終的には無機的世界と同じ素材である原子から作られていることがすぐにわかる。その物質が非常にうまく集まって細胞が生じ、その細胞の中にだけ生命があるのだ。この2次系列はまさに生物の世界だから、学問的には物理・化学の法則だけではなく生物学の論理や法則が適用される世界だ。

しかし、その素材である原子を単純に集めただけでは、生物が出来上がるわけではない。原子・分子が「うまく集まって」細胞ができる、というところがみそなのだ。科学技術が進めば、生体高分子をうまく集めて、リボソームのような細胞小器官を作ることができるようになるだろう。しかし、今の技術では一番簡単な細胞である細菌（バクテリア）も作ることはできない。人工的に生命を作り出すことは今のところできない。

■ヒヨコをすりつぶすとどうなるか

生命とは何かを考えるときに、ポール・ワイス（1989年没）という自然哲学者が行った有名な思考実験がある。2本の試験管を用意し、片方の試験管Aに生きたヒヨコを入れる。もう片方の試験管Bにもヒヨコを入れて、何も加えずにそれを完全にすりつぶすという実験だ。毎朝、ジューサーミキサーで野菜ジュースを作る人がいるだろうが、方法としてはそんな感じだ。少し残酷な実験だが、あくまでも思考実験だから許されるだろう。あまりにもむごい感じがするというなら、試験管の中にヒヨコのかわりにゾウリムシを入れてもよい。

Aの試験管とBの試験管に入っているものはまったく同じだが、一方の試験管のヒヨコは生きているのに対して、完全にすりつぶされたヒヨコはもはや生きてはいない。その差が生命というものだ。物質的にはまったく同じにもかかわらず、片方は生きている、もう片方は死んだ物質の集まりだ。何が違うのだろうか。

以前は、「生気論」と言って、生命つまり「生きている」ことを、生命力とか「エンテレキー」というような「物質以外のなにか」で説明しようとした。しかし、現在では「生きている」ことを、物質の運動とか物質間の相互関係で説明する。単に物質の運動というだけでは、何のことやらわからないので、とりあえず生き物・生命の定義を考えてみる。

生命の定義はいろいろあるが、簡単に言えば、①細胞という容れものに入っていること（細胞）、②細胞の外から物質をとり入れて、さまざまなエネルギーを取り出し、不要物を排出すること（物質代謝）、③自分と同じものを作ること（自己複製）、④環境に合わせて変化すること（進化）、の4点で定義される。

細胞には細胞膜という内外の仕切りがあって、細胞の内側にのみ生命が宿っている。細胞の外側に生命があることはありえない。ヒヨコを完全にすりつぶすと、ヒヨコを構成しているすべての細胞が完全にすりつぶされる。細胞を完全にすりつぶしてしまうと、細胞を取り巻いている細胞膜が壊れるので、細胞の内と外との区切りがなくなってしまう。生命は細胞の中だけにあるので、細胞膜が破られると「死んでしまう」のだ。

では、ヒヨコの細胞を分子や原子、あるいは素粒子・基本粒子を集めることで作ることはできるのだろうか。ヒヨコの体が原子や分子からできているからと言って、単純に原子や分子を順序よく集めるだけでは、ヒヨコの体を作り上げることは今の技術ではできない。

人間が開発した技術はどんどん新しいものを作り出している。新幹線を走らせ、世界最高速のスーパーコンピューターを作り、ガンの治療法が開発されるなど、すべての分野で技術革新は著しいものがあるが、それでも1個の細胞を作り出すことはできない。

今のところ、細胞は細胞からしか生まれない。ノーベル賞を受賞した京都大学の山中伸弥教授らが作り出した、どんな細胞にもなれるiPS細胞は、普通のヒフの細胞を培養し、それに特定の遺伝子を導入して多能性をもたせたものだが、新しく人工的に細胞を作ったわけではない。現在できるのは、たとえばごく簡単な微生物の遺伝子DNAを取り換えることや、人工的に作ったDNAをウイルスに組み込むことくらいで、人工的に本当の細胞を作り出すことはできない。

■光合成の結果、生物は陸地に上がった

今の地球上にはたくさんの酸素があり、多くの動植物が陸上生活をしているが、太古の地球には酸素がなく、太陽光線に含まれる有害な紫外線が降り注いでいた。だから、生物は無酸素状態での

水中生活を余儀なくされていた。

しかし、「宇宙のカレンダー」で言えば、12月20日に植物が、12月21日には動物が陸に上がってきた。この陸地移住が何を意味するかをここで考えてみる。

それまでのすべての生物は水中生活を余儀なくされていた。もし陸へ上がったとすれば、その生物はすべて紫外線に焼き尽くされてしまうからだ。

紫外線は非常に波長の短い光（電磁波）で、細胞のＤＮＡやタンパク質を破壊する作用がある。ところが水は紫外線を吸収するので、水中生活をする限り生物は紫外線の脅威から守られていた。今でも紫外線殺菌が使用されているので、紫外線が生物によくないのは知られている。その紫外線をカットできるようになり、ようやく生物が陸へ上がってきた。そのポイントは地球を覆っているオゾン層だ。そのオゾン層は光合成細菌の働きの結果生じたものだ。

光合成の重要な働きは2つある。ひとつは、光合成で生じた有機物が、全地球上での生命活動を維持している根幹だという点だ。人間の生活もすべてこれに依存していて、私たちが食べている米やパンはもちろん光合成産物そのものだ。動物の肉やミルクも１００％光合成産物を変換したものだ。つまりウシなどが草を食べる、その有機物が肉になり、ミルクになるわけで、魚も同じだ。すべて光合成を基本にして生き物は生きている。

さらには、現代人の生活に不可欠な石油やプラスチック製品もすべて光合成のおかげだ。シアノバクテリアという光合成細菌の死骸が積み重なって石油のもとになった。

もうひとつは、光合成の結果放出される酸素だ。酸素は光合成の結果、副産物として生じたものだ。光合成植物のおかげで、酸素がどんどん溜《た》まってきて、その一部がオゾンになった。オゾン層が厚くなって、外から来る紫外線を吸収するようになったので、生物ははじめて陸に上がることができるようになった。

ところが、現在ではオゾン・ホールというものが問題となっている。人間生活が作り出した、たとえばフロンがオゾン層を破壊して、特に南極の上空にはオゾン層が薄くなって穴が空いてしまった。オゾン・ホールだ。その結果、地球上に紫外線が直接差し込んで来るようになった。オーストラリアなどでは、紫外線の影響で皮膚ガンが増加していると言われている。

日本でも私たちが子どもの頃は、日光浴は体によいとされていた。特に北海道や北欧では日照不足なので日光浴は大切で、子どもは外で遊びなさいと言われてきたが、最近では北海道でも日光浴はよくないと言われ出した。これもすべてオゾン層の破壊の結果だ。

このオゾン・ホールの問題は、永年かけて植物が光合成で作り上げてきた地球環境がいかに大切かを示している。

■単細胞の生物と多細胞の生物

細胞とは何かを、もう少し詳しく見ておこう。

「あいつは単細胞だ」という表現がある。単純明快だが融通が利かない性格を表現する、相手を少し馬鹿にした言い方だ。１個の細胞で生きている生物（単細胞生物）は、概して単純な生き方しかできない。大腸菌などの細菌類やゾウリムシなどの原生生物がそれにあたる。１個の細胞で１個体だから、細胞が直接栄養分を吸収してエネルギーを作り出し、細胞分裂で個体を増やし、場合によっては性を作って有性生殖をする。

それに対して、多くの細胞がたくさん集まって１個体を作る生物が出現した。文字通り多細胞生物だ。目に見えるほどの大きさの生物はすべて多細胞生物だ。体を作っている細胞の数は、体の大きさによって千差万別だが、生物の種類によっては１個体を作っている細胞の数がきちんと決まっている種類もいる。

実験動物として有名なＣ・エレガンスという名の線虫の一種は、体が小さくて透明なので顕微鏡で調べれば、すべての細胞の数を数えることができる。その数は一定で、雌雄同体の個体は９５９個と厳密に決まっている。実は体の中には精子や卵子などの生殖細胞ができるが、そうした生殖細胞を除けば、体を作っている細胞の数は決まっている。

しかし、多くの多細胞生物（たとえばトンボ、ニワトリ、サルなど）の細胞数はきわめて多く、とてもすぐに数えられるものではない。

そうした多細胞生物は、いろいろな働きをする細胞が集まって１個体を作り、環境に適応しながら生きている。その細胞はすべてタンパク質、ＤＮＡやＲＮＡなどの核酸、脂肪や多糖類からできているが、さらに細かく分けると、最終的には１個１個の原子にまで分解することができる。

■ヒトは60兆個の細胞からなるという神話

一般に「ヒトは60兆個の細胞からできている」と言うが、本当に60兆個もの細胞を1個1個数えた人がいるのだろうか。普通の細胞は目で見ることができないほど小さいので、顕微鏡を使わなければ見えない。赤血球のような1個1個ばらばらに存在する細胞であれば簡単に数えることもできる。健康診断などで血液検査をするが、その分析結果を見ると、「赤血球数＝480万」などと書いてある。採血された血液の中からほんの一滴をスライドグラスに載せて顕微鏡でその数を数え、それを基に1マイクロリットル当たりの赤血球数を計算するのだ。ヒトの血液量は体重の約13分の1、4〜5リットルほどだから、480万×400万マイクロリットルを計算すると、体に含まれる全赤血球は約20兆個となる。

しかし、脳の神経細胞や腸の細胞など臓器を作っている細胞を数えることは簡単ではない。また、筋肉の細胞は多くの細胞が合体した「多核体」となっているし、骨の細胞などなかなか数えにくいものもある。だから、体を構成する全細胞数を正確に数え上げるのは実質的には無理だ。実際は、さまざまな種類の細胞の大きさや重さを調べて、その平均の重さで体重を割るという方法で計算されたのだろう。もしくは、ヒトの体のほんの一部をとり出して、それに含まれる細胞を全部数えて、比例式で計算したのかもしれない。

高校生物の教科書には、成人の体は60兆個の細胞からなっている、新生児は3兆個の細胞からできている、と記述されているところを見ると、多分、1個の細胞の重さを約1マイクログラムと概算して、それで体重（成人なら約60キログラム、新生児なら3キログラム）を割ったものだろう。先ほど述べたC・エレガンスという線虫はどんな個体もすべて同じ細胞数だが、ヒトの場合は、1個体を構成する細胞数に厳密な決まりはないようだ。体の大きな人の細胞は１００兆個以上もあり、小さい人は40兆個くらいの人もいるわけだ。平均して約60兆個ということだ。

ヒトの体を作っている細胞の種類は大体２００種類くらいだ。血液細胞、肝臓細胞、脳の神経細胞、腸の吸収上皮細胞、網膜の視細胞などなどだ。それらの分化した細胞はまったく違った形をしているし、それぞれ違った働きをするが、もともと1個の受精卵が分裂してできたものなので、持っている遺伝子ＤＮＡはまったく同じだ。同じＤＮＡを持っているのに、別々の細胞になることを専門的には細胞分化と言う。

多くの動物は受精卵から発生する。ヒトもアリも受精卵が2細胞になり、4細胞になり、どんどん分裂して細胞数を増やし、最終的にヒトはヒトの形、アリはアリの形ができてくる。次第に手足ができ、神経ができ、腸ができ、筋肉ができ、それらが複雑に絡み合ってさまざまな運動をする。同じ遺伝子をもっているにもかかわらず、ヒフの細胞はヒフの細胞に、網膜の細胞は網膜になるのはなぜだろうか。

それは、個体発生の過程で細胞分化が起きるときに、その細胞にふさわしい特定の遺伝子だけが働き（専門的には、発現するという）、他の遺伝子の働きが抑えられる（発現が抑制される）からだ。

ヒフの細胞ではヒフの性質をもたらす特定の遺伝子だけが発現し、それ以外の遺伝子は抑制される。小腸の細胞では、小腸の細胞を特徴づける遺伝子が発現して、他の遺伝子が抑制される。そのようにしてヒフの細胞はヒフに、血液の細胞は血液細胞になっていく。

■ゆく河の流れは絶えずして〜動的平衡

ヒトが原子・分子の集合体であることは間違いないが、ヒトの体を作っている物質は決して不変なものではなく、刻々と変化している。時間軸で見ると、体を構成している物質はどんどん変わっていく。

たとえば、赤血球は核がないので寿命が短く、２週間程度で死んでしまう。だから、体の赤血球は２週間ですっかり入れ替わってしまう。ヒフの細胞も体の表面からどんどん脱落して新しい細胞と入れ替わるので、同じ細胞がとどまることはない。また、細胞分裂をしない神経細胞も、細胞自体は長生きで置き換わることはないが、細胞を構成している物質は時間とともに入れ替わっている。あたかも川が流れているようなものだ。

第２章「アリの微小脳、ヒトの巨大脳」で詳しく述べるが、脳の神経細胞が分裂して新しい細胞へ置き換わると人格がどんどん変化してしまうので、神経細胞は分裂しないと言われている。確かに、脳のほんの一部の部域（海馬と呼ばれる記憶をつかさどる脳の領域）の神経細胞以外、大部分の神経細胞はまったく分裂せず、新しい神経細胞は生まれてこない。脳の神経細胞自体は分裂せずに同じ細胞のまま長い間活動を続けるが、その神経細胞を構成するさまざまな物質は、絶えず入れ替わっている。細胞が生きていくためには、新しく養分を取り入れ、古くなった部品を新しいものに交換するからだ。見かけ上、細胞は変化しないようにみえるが、中身は日々新しくなっているのだ。

ヒトの場合、すべての物質が入れ替わるのに1カ月もいらないくらいだ。私たちが毎日食事をとり、排泄《はいせつ》をしているのはそのためだ。難しい言葉でいうと「動的平衡」にあるという。

鴨長明《かものちょうめい》が『方丈記』で書いたように、「ゆく河の流れは絶えずして、しかももとの水にあらず。淀みに浮かぶうたかたは、かつ消え、かつ結びて、久しくとどまりたる例《ためし》なし」。無常観の代表的な見方だが、生きている細胞もまさに「ゆく河の流れ」のように動的平衡にある。

■ヒトの社会が作る3次系列

さて、生物界である2次系列から、生物の一種としてのヒトが現れた。地球上に生命が出現してから38億年、その最後の方になってようやくヒトが出現した。ヒトがいかに人になったかは、第3章「ヒト、人になる――人間の条件」で改めて説明するが、「宇宙のカレンダー」で言えば、12月17日に無脊椎動物が出現し、その中から12月19日になって脊椎動物が現れ、12月26日に哺乳類が登場し、12月29日に霊長類（サルの仲間）が進化し、その霊長類の一種として、12月31日の午後10時過ぎになってようやくヒトが現れた。

ヒトは生物の一種にしかすぎないが、高度な知能を発達させて独自の世界を作り上げた。普通の生物とは違う新しい質を生み出したので、ヒトの社会は生物学的な法則だけでは説明しきれない部分もある。それで、普通の生物を2次系列と呼ぶのに対して、ヒトを3次系列という言い方もできる（18ページ図1参照）。

他の動物とは決定的に違う能力は知性だ。大きな脳を発達させて、自分とは何かを考え、将来に思いをはせることができる。ヒトに一番近いと言われるチンパンジーも「明日を思い悩む」ことはない。この明日を思い悩む能力、将来を考える力、言葉を駆使して考え、宗教を作り出し、全宇宙に匹敵する内面世界を作り出したのはヒト以外の動物では見られない。

この本では、宇宙の中でヒトがどのようにして生まれてきたのか、生物の一種でありながら、普通の生物とはどう違うのか、今後ヒトはどこへ向かっていくのか、について考えていく。

■細菌からヒトまで同じ原理で生きている

このように進化によって生じた多様な生物は、いくつかの共通点がある。以下の4点にまとめることができる。

① 細胞：すべての生物は細胞からなっている。逆に言えば、細胞のない生物はいない。

② DNAの構造の普遍性：すべての生物の遺伝をつかさどるDNAは、アデニン（A）、チミン（T）、グアニン（G）、シトシン（C）という4種類の塩基が、直鎖上に並ぶ構造を持ってい

る。その素材や構造がバクテリアでもヒトでもまったく同じなのだ。

③　アミノ酸コード表：生物の体の基本はタンパク質からできている。タンパク質は20種類のアミノ酸がいろいろな順序で並んでできている。そのタンパク質の作られ方が全生物で共通だ。DNAの遺伝情報は、メッセンジャーRNAにうつされ、そのメッセンジャーRNAの塩基配列に従ってアミノ酸の並び方が決められる。そのRNAの塩基配列とタンパク質のアミノ酸配列との対応規則を「アミノ酸コード」と言う。そのアミノ酸コードが、すべての生物に共通だ。

④　相同タンパク質：生物体を構成しているさまざまなタンパク質のうち、共通した代謝に関係するタンパク質（相同タンパク質と呼ぶ。たとえば、呼吸に関与しているチトクロームC）は、多くの生物で知られていて、すべて類似したアミノ酸配列をもっている。

このように、現生生物はすべてDNA型生物で、その遺伝情報の発現の仕組みが共通であることは、私たちの祖先型生物が単一起源であることを証明している。別の言い方をすると、全生物は非常に単純な生物から進化してきたことを示している。

地球上の生命起源の初期には、いくつもの違ったアミノ酸コードをもった生物が進化していたと考えられる。そのうちのたったひとつの型の生物だけが、たまたま競争に勝って現在まで生き残ったのだ。他の大部分の系統は現在まで子孫を残すことなく、途中で途切れてしまった。ヒトを含めた現生生物は、非常な幸運に恵まれて現在まで生き残ったと言ってよい。

■生物は子孫を残すために生きている〜繁殖成功度

最後に、「ヒトとは何か」を考える前提として、生物は何のために生きているのかを考えてみよう。

大腸菌やゾウリムシ、アリやハチなどのさまざまな生物が、自覚した目的をもって生きているとは考えられないが、生物学的に言うと生物は自分の子孫をできるだけたくさん残すために生きている。何の変哲もない考えのようだが、実はこの考えはダーウィン以来の大発見と言われている。生物のすべての行動も、さまざまな奇抜で複雑な形態も、すべて子孫を残すためのものだという考えだ。「子孫を残す」ということを専門的には繁殖成功度という言葉を使用する。

生涯繁殖成功度というのは「一生の間に産んで育てることのできる子どもの数」ということだ。すべての生物は生涯繁殖成功度を上げるためにありとあらゆる努力をしている。たくさんの子孫を残す個体は、その環境によく適応しているわけだから、繁殖成功度を別の表現では「適応度」と言うこともできる。生物がいかにその環境に適応しているかは、次の世代にどのくらいの数の子孫を残せるかにかかっている。だから適応度というのは、生まれて生き延びて生殖年齢に達する子どもの数、つまり繁殖成功度で表すことができる。

その意味をもう少し詳しく考えてみよう。

生物は自分の子どもの数をできるだけ多く残すためにありとあらゆる努力をする。努力という言葉が適当でなければ、工夫をすると言ってもよいだろう。たとえば、一生の間に性転換する面白い魚がいる。生まれたときにはオスで、大きくなるとメスになる仲間、逆に生まれたときはメスで、長ずるに及んでオスになる魚、いろいろいる。なぜこのような不思議なことが起こるのか、それは一生の間に作って育てることのできる子どもの数をできるだけ多くする手段なのだ。

メスは卵を産む。ふつう卵は栄養分をたくさん含んでいるから、小さな体の個体はあまりたくさんの卵を産むことができない。一方、大きなメスはたくさんの卵を産むことができる。それに対してオスの作る精子は極めて小さい細胞なので、小さなオスでも大量の精子をつくることができる。だから、小さい時はオスとして精子を作りメスの卵子に精子を提供する。大きくなると今度はメスになって卵子を産む、というシステムが生まれた。このようにすれば一生の間に産む子どもの数を最大にすることができる戦略だ。あらゆる手段を使って自分の子どもの数を増やそうとするのだ。

ヒトも生物の一種だから、生物学的には自分の遺伝子をできるだけたくさん残すために生きているが、ヒトは単なる動物ではないので一筋縄にはいかない。

次の章では、ヒトとほかの生物の違いを、特に脳のありようを比較しながら考える。

第2章　アリの微小脳、ヒトの巨大脳

これまで述べてきたように、宇宙には膨大な時間が流れていて、その結果地球上には３００万種とも言われる膨大な数の生物が生まれた。その中でヒトだけが大きな脳を発達させて、地球を支配するようになった。今や75億人もの人類が地球の隅々まで進出し、地球の資源を食い尽くす勢いだ。

ヒトは地球上で初めて火を使用し、農業を行って食料を確保し、自然科学を起こして自然を開発し、場合によっては戦争をし、公害等の災害をもたらしてきた。世界的な４大発明は、印刷、火薬、羅針盤、紙とされているが、いずれも中国で発明され、人類の文明に大きく貢献したものだ。こうした科学の進歩で人類の生活は便利になり向上してきた。

２０１４年６月に「戦後日本の３大イノベーション」（公益社団法人発明協会）が発表されたが、その第１位は新幹線（１９６４年、日本国有鉄道）、第２位はインスタントラーメン（１９５８年、日清食品）、第３位はウォークマン（１９７９年、ソニー）だった。それらを開発したのはすべてヒトの脳だ。この章では、ヒトの脳がどのように巨大化したのかを考える。

■動物は大きく2つの系統に分けられる

地球上には膨大な種類の動物が生まれたが、それらの動物がどのように進化してきたのかを図で表したものが系統樹だ。生物は共通の祖先から分岐して、時間とともに新しい性質をもった生物が出現してきたわけだから、それを図にすると幹と枝をもつ樹木のような形で表され、それを系統樹と呼ぶ。

図2には全体としてすべての動物が収まっているが、大きな特徴は上の方で大きく二股に分かれていることだ。系統が2つに分けられるのだ。左側の系統を旧口《きゅうこう》動物（前口《ぜんこう》動物）と言う。聞きなれない言葉だが「口が旧い」と書く。それに対して右側の系統は、新口《しんこう》動物（後口《こうこう》動物）と言う。「口が新しい」動物のグループで、脊椎動物、哺乳類、ヒトなどは全部こちらの新口動物に属している。

旧口動物の代表は、昆虫やエビ・カニなどの節足動物、タコやイカなどの軟体動物のグループだ。新口動物の頂点に脊椎動物、そしてヒトがいるのに対して、旧口動物の頂点には昆虫やエビ・カニがいる、と考えてもらえばよいだろう。

この新口動物と旧口動物の違いは何か。ヒトへの進化を考える上ではとても重要なことなので、もう一歩踏み込んで説明をしておく（図2）。

新口動物、旧口動物という時に「口」という言葉が出てくる。なぜ、「口が新しい」のか、「口が旧い」のかが問題になるのだろうか。これには動物の発生の仕組みが関係している。

ここでウニの発生を考えてみる。ウニの初期発生の過程で原腸陥入ということが起こる。その結果、外胚葉《はいよう》（ヒフや神経）、中胚葉（筋肉や血液など）、内胚葉（消化管）という3つの組織の元が出来上がる。その原腸が陥入する場所を原口《げんこう》という。「元の口」という意味だ。発生が進んで原腸が

図2　動物の系統樹

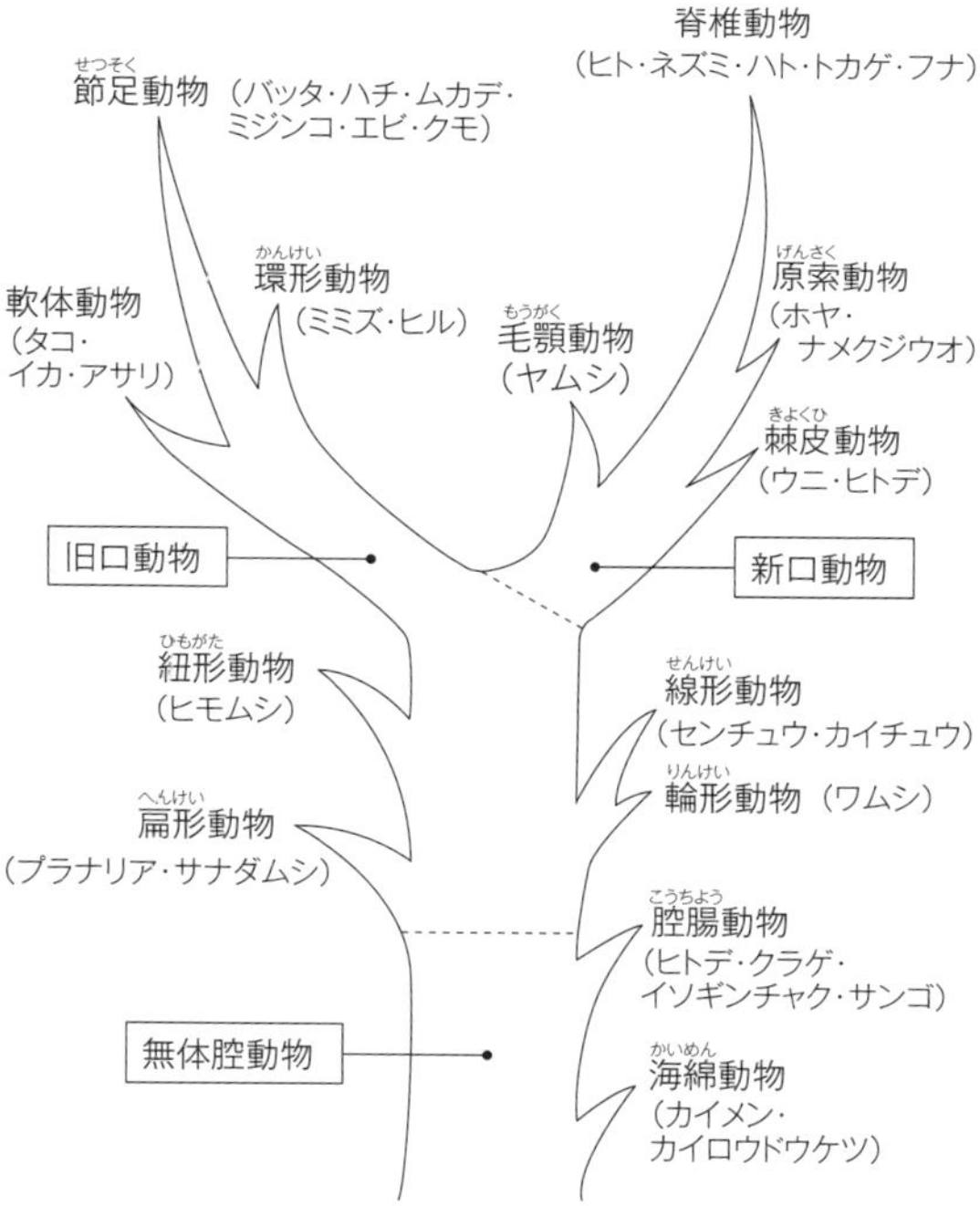

動物は大きく旧口動物（左側；節足動物、環形動物、軟体動物）と新口動物（右側；脊椎動物、原索動物、棘皮動物、毛顎動物）に分けられる。『ビジュアルワイド図説生物』東京書籍、1997年、水野丈夫ほか編、動物の系統樹、『比較動物学』培風館、1982年、M.フィンガーマン著、青戸偕爾訳、図1−3などを参考に作図。

消化管になり、最終的に消化管の入り口である「口」と、出口の「肛門《こうもん》」ができる。

この原口がそのまま大人の口になり、消化管の出口である肛門が口の反対側にできてくるタイプの動物が旧口動物だ。口が前の方にできるので前口動物とも言う。イカ・タコなどの軟体動物や、昆虫やエビ・カニなどの節足動物、ミミズなどの環形動物がこれに属す。このグループのもうひとつの特徴は、神経が体の腹側にできてくることだ。腹側神経系と言う。

普通、昆虫の解剖などは学校でも家庭でもあまりやらないからわかりにくいが、ハエの神経は腹側を走っている。ミミズもそうだ。エビを料理するとき「背ワタ」を抜くが、あれは消化管だ。エビの神経は腹側にある。このように、旧口動物の消化管は背中側に、神経は腹側にあり、私たちヒトとは真逆なのだ。

■「古い口」が昆虫へ、「新しい口」はヒトへ

一方の新口動物というのは、原口がそのまま口にならずに、肛門になってしまうものだ。口は、肛門とは反対側に新しく生じてくる。本当の口が新しく生じるので、新口動物と言う。先ほど述べたウニでは、原口はそのまま本当の口にはならずに、肛門になってしまう。本当の口は、原口の反対側に新しくできてくる。私たちヒトも新口動物だ。

新口動物（後口動物）の系統から脊椎動物が発達し、魚類、両生類、爬虫類《はちゆうるい》、鳥類、そして哺乳類が出現し、最終的にヒトが進化してきた。

この系統の特徴は、神経系が背中側にできることだ。脊髄《せきずい》神経系と言う。ヒトの場合が一番わかりやすいが、背骨の中に神経（脊髄）が走り、その一番先が大きく膨らんで脳になっている。

魚をさばくときは、普通は３枚におろして背骨を外す。その背骨の中に神経（脊髄）が走っている。ヒラメやカレイなどの扁平《へんぺい》な魚では背骨が体の真ん中を走っているように見えるが、それは幼魚が変態して成体になるときに背中と腹が扁平になってしまうからだ。サケやコイなど多くの魚の背骨は背中側を走っている。ちょうど旧口動物の神経系とは反対側にあるのだ。

私たちは人間だから、人間を生物の頂点に置きたがる。しかし、この新口動物と旧口動物のどちらが生物として優れているか、どちらがより進化しているかなどを比較することはほとんど意味がない。新口動物の進化の頂点に哺乳類、そしてヒトがいる、旧口動物の進化の頂点に昆虫がいる、というように理解することが大事だ。

哺乳類の中でもヒトは特段に大きい脳を発達させた。それをここでは巨大脳と呼ぶ。もう一方の昆虫は個体も小さく、その脳も大きくはならなかった。微小脳と呼ぶ。

新口動物である脊椎動物は、体を大きくすることで環境に適応し、生き残りをはかってきた。その一番有名な例は恐竜だ。２億年前から６５００万年前までの地球を支配していた恐竜はきわめて大きな体を誇っていた。全長50メートルという想像を絶する大きさを誇るスーパーザウルスなどの化石が残っている。現生の生物では、シロナガスクジラが30メートル、アフリカゾウも大きな体で生きている。

一方の旧口動物の代表である昆虫は、体を小さくすることで生き延びる道を選んだようだ。化石には巨大なトンボも出土するが、進化の過程でどんどん体は小さくなっていった。外骨格に覆われ、呼吸のシステムも違うので大型化は無理だったようだ。

巨大脳を発達させた哺乳類の系統とはまったく違う道を選んだ昆虫は、小さいながら素晴らしい能力を発揮して、さまざまな環境に適応し、今の地球上で一番はびこっている。昆虫の中でも最も成功しているのがアリやハチの仲間で、その多くは集団で社会を作っている。社会性昆虫と言う。1匹いっぴきの昆虫は非常に小さく、脳もきわめて微小だが、その能力はきわめて高いものがあり、想像を絶するほどの見事な生活を送っている。

■猿の惑星か、虫の惑星か

SF映画の傑作の1つに『猿の惑星』（1968年、米国、フランクリン・J・シャフナー監督）がある。近未来に知能を獲得した大型類人猿（ゴリラとチンパンジー）に地球が征服されて人間がその下におかれる、という衝撃的な発想のもとに作られた映画だ。特殊メイクが素晴らしく、後に米国アカデミー名誉賞も獲得し、シリーズになるほどの大評判の映画だった。第一作の最後のシーン、生き残った宇宙飛行士（チャールトン・ヘストン）が、不時着した星の荒れ果てた土地にようやくたどり着く。そこで半分埋もれた自由の女神を見あげる場面の衝撃は今でも忘れられない。

この「猿の惑星」という表現を転用して、今の地球を「虫の惑星」と呼ぶ人もいる。それほど虫、特に昆虫がはびこっているのだ。昆虫は地球上のありとあらゆる場所、ヒトの住めないヒマラヤの高山から、熱帯、灼熱の砂漠まで、どんな環境にも適応して見事に生きている。その種類の多様さと、個体数の多さは他の動物を寄せつけない圧倒的な地位を占めている。

地球上に生息する昆虫の数を数えることは大変難しいが、多くの研究者がおおよその見積もり数を発表している。ある研究者は、10の18乗匹という見積もりを出している。この数は想像を絶するもので、すぐには実感できないが、人間1人当たりにするとその数の多さが実感できる。地球上に住んでいる人間の数（約75億人）で割ってみるとなんと2億匹という数字になる。私たち1人ひとりの周りに2億匹の虫がいるという計算になる。

私たちは人間が地球を支配していると思いがちだが、生物学的に言うと、地球上で一番成功している動物は昆虫で、昆虫が地球を支配していると言ってもよいだろう。しかし、昆虫の持っている脳はきわめて小さいもので、こんなにも小さな脳しか持っていない昆虫が地球を支配しているのは実に不思議なことだ。

とくにハチやアリの脳は非常に小さく、1ミリ立方（1マイクロリットル）以下の脳で、神経細胞も100万個程しかない。それに比べてヒトの脳は圧倒的に大きく、約1400ミリリットルだから、比べ物にならないほどの大きさだ。ヒトの脳と脊髄に含まれる神経細胞の数は1000億個というから、昆虫の10万倍もの大きさを誇っているわけだ。

昆虫の微小脳は、ヒトの巨大脳の対極にあるごく小さい脳だが、その小さな脳を集団でうまく活用して非常に複雑な作業を行っている。フェロモンなどの化学物質や、光や音などの物理的な信号など、さまざまな方法で互いにコミュニケーションを図りながら、ネットワークを形成して、巨大帝国を作り上げている。現代の私たちがスマートフォンやパソコンをインターネットにつないで巨大なネットワークを形成しているが、それに似た環境だ。

この後、社会性昆虫の代表であるミツバチとハキリアリの見事な生活とその驚異的な能力を見ておこう。

■微小脳の驚異1～ミツバチの8の字ダンス

ミツバチは社会性の昆虫で、集団で生活し、女王を中心にきわめて効率的な生活をしている。ひとつの集団は3万匹から4万匹で生活をしている。その中には1匹の女王と、数十匹のオス個体がいるが、残りの大部分は働き蜂で、彼女らが巣の仕事をすべて行う。

ミツバチはその名の通り蜜を集める。その仕事を外勤の働き蜂が行うが、働き蜂にもいろいろな分業があり、最初の偵察の働き蜂が周辺を飛んで餌場《えさば》を見つけることから始まる。いろいろ探索して、どこにどのような花があるかを探し、たくさんあれば仲間にその場所を知らせてみんなで効率よく蜂蜜を集めている。昔からそのように生活してきたが、人間がそれに気づいてミツバチの集めた蜜を横取りするようになったのだ。

まず、探索に出かけた働き蜂が花を発見すると、巣に戻って仲間にそれを知らせるが、彼らには言葉がないから、身振り・手振りでそれを伝えるのだ。それが「８の字ダンス」と名付けられた。巣からの距離を踊りの回転の速さで知らせている。

巣に帰ってきた働き蜂がくるくる回る速さと、花の場所までの距離を調べると、距離と回転の速さには綺麗《きれい》な相関関係があることがわかった。近距離を知らせるときには、単純な輪をかなり早いスピードで踊りながら描く。それに対して、長距離を知らせるときには、単純な輪ではなく、アラビア数字の８の字を描いて踊るが、そのスピードはゆっくりしたものになる。

このように言葉に頼らないコミュニケーションで、集団に場所を教える行動が発達した。しかしこれだけでは、花の場所を知らせたことにはならない。どっちの方向にあるかも知らせなければならない。距離が遠いか近いかだけでは、みんなで探しに行くことはできないからだ。どうやって餌場の方向を知らせているのか、実に驚きの方法を採っていることがわかっている。太陽の位置を手掛かりにして餌場の方向を知らせているのだが、専門的になりすぎるから省略する。

■微小脳の驚異２～農業をするハキリアリ

社会的な生活をする昆虫には驚くべき能力が隠されているが、アリも見事な社会生活を送っている。

南米に住むハキリアリは、植物の葉を切り取って巣に運ぶ。何万匹ものアリが植物の葉を切り取って列になって運ぶので、その様子が緑色の道のように見えるほどだ。動物は餌をとらなければ生きていけないから、このような行動は別に珍しいことではない。大事な点は、このアリは採集した植物をそのまま食べるわけではないという点だ。ハキリアリは刈り取った葉を消化することができない。せっかく採集しても食べることができないが、それをかみ砕いて団子のような形にして、その団子にキノコ（菌糸）をはやして、それを食べる。

普通の狩猟・採集という生活では、狩りをした動物や採集した植物をそのまま食べるが、このアリの場合は、採集した葉をそのままでは食べられないのだ。それにある種の手を加えて、消化できるような形に変換してから食べる。これは、ある意味では将来を予測した行動で、まさに農業を行っている。

1つの巣には100万匹ものアリが集団で住んでいて、約30種もの仕事をそれぞれ分業している。たとえば、葉を収穫して運搬する係、その運ぶ道を整備する係、運び込まれた作物を管理する係、ごみを捨てる係、外敵と戦う係、子守をする係など、さまざまな業務をいろいろな形に分化した大きさのちがう個体がそれぞれ分担して、集団生活がスムーズにいくように管理している。

ほかの野生動物もさまざまな餌を採集し、それを蓄えたり保存することは行う。たとえばリスがドングリを一生懸命にためる、場合によってはそれを放置してしまうので、それによって植物が増えることもあるが、それを農業とは言わない。本格的な農業はヒトの大きな特徴だが、ヒトの対極にいる昆虫も農業をするのだ。

■社会性昆虫の限界

アリやハチなどの社会性昆虫が素晴らしい能力を発揮すると言っても、その行動パターンはすべて遺伝子に書き込まれていて、まったく融通が利かない。ミツバチの８の字ダンスにしても、ハキリアリの農業にしても、私たちの目から見ると想像を絶する驚異的な仕事ぶりだが、その行動はまったく例外をゆるさない厳格な仕組みに基づいている。これが、微小脳が抱えている宿命だ。

大事な点は、社会性昆虫の統一のとれた絶妙な作業には特別のリーダーがいないことだ。集団の中心には女王蜂や女王アリはいるが、彼女はもっぱら卵を産むだけで、蜜の採集や農業の陣頭指揮をしているわけではない。リーダーがいなくとも、それぞれの個体が自らの役割を知り、互いにコミュニケーションをはかって、統一して作業が行われるというのが面白い点だ。

社会性昆虫が想像を絶する仕事をこなすと言っても、その仕事ぶりは種ごとに決まっていて、ミツバチの仕事をスズメバチがこなすことは絶対にできない。同じようにハキリアリの仕事をシロアリがこなすことはできない。

社会性昆虫でなくても、たとえばスズムシのオスは独特の鳴き方でメスを誘引するが、マツムシとは違った鳴き方をする。同じ虫かごで飼育してもスズムシがマツムシの鳴き方をまねるようなことはない。ホタルは発光で生殖相手を見つけたり、別の種のホタルを引き寄せて捕食したりするが、その光りかたは種ごとに決まっていて、他の光りかたをする能力がない。すべての行動が遺伝子に書き込まれていて、行動が厳密に決まっており、他の行動をする能力がないのだ。
それに対して、ヒトの巨大脳は遺伝子に組み込まれた本能行動だけではなく、運命を切り開く可塑性《かそせい》をもっている。その巨大脳の進化のプロセスを見ておこう。

■脳の巨大化～脊椎動物の歴史

動物は大きく分けて、背骨のないいわゆる無脊椎動物と背骨のある脊椎動物とに分けられる。図2の系統樹でいうと右側の枝に脊椎動物、つまり背骨をもった動物が出現した。今から4億～5億年も前のことだ。

脊椎動物の原型は魚類だ。魚は水中生活に適した体をもっており、鰓《えら》呼吸をし、鰭《ひれ》を用いての遊泳をする。魚類の最大の特徴は、顎《あご》を持っていることだ。魚類以前の動物には、たとえばヤツメウナギのような動物がいるが、彼らには顎がなく無顎類《むがくるい》と言う。正確には縦に開く、つまり上下に開く顎がない。魚類は上下に開く顎を獲得することにより爆発的に進化した。そのため魚類は脊椎動物の中でも最も種類の多い動物で、地球上で最もはびこっている脊椎動物だ。

その魚類からカエルなどの両生類が進化してきた。四足を進化させて陸上生活へ第一歩を踏みだした動物群だ。それ以前の動物は水中でしか生活できなかったが、両生類になってはじめて陸に上がってきた、きわめて勇気のある動物と言っていいだろう。しかし陸に上がったとはいえ、カエルの卵は水中でしか発生することができない。それは卵が乾燥に弱いという致命的な欠陥を抱えているからだ。四足をはやして陸上生活に乗り出したといっても、その卵は水中でしか生活できないので、両生類は水辺から離れて生活することができない。だから両生類（水陸両方に住む）という名前になった。

それに対して、爬虫類《はちゆうるい》は乾燥に強い卵を工夫した。専門的に言えば羊膜卵《ようまくらん》というものだ。爬虫類の卵はあまりなじみがないが、ニワトリの卵は日常生活でもなじみがある。ニワトリの卵を割ると、殻の内側に半透明の薄い膜があるが、あれが羊膜だ。その羊膜は、爬虫類ではじめて獲得された大変重要な形質で、卵を乾燥から守る。羊膜を獲得したことにより、爬虫類以降の動物は卵を水中ではなく陸上に産むことができるようになって、爆発的に進化したわけだ。

爬虫類の仲間から鳥類と哺乳類が進化した。鳥類は昔絶滅した恐竜の直系の子孫と言われている動物群だ。羽毛を獲得し、体温を維持しながら空中に進出した動物群だ。哺乳類は読んで字の通り、哺乳する動物、母乳で子どもを育てる動物だ。私たちになじみのある多くの動物、たとえばペットのイヌ・ネコ、家畜である牛や馬、羊などだ。

■爬虫類脳からヒトの脳へ～大脳新皮質の発達

脊椎動物は魚類、両生類、爬虫類、鳥類、哺乳類と進化してきた。進化の順序に沿ってならべてみると、魚類、両生類、爬虫類までは大脳はそれほど発達せずに、知能とか学習などの能力はない。こうした動物は反射と本能だけで生きているので、この段階の脳を「爬虫類脳」と呼ぶこともある。ただただ本能の赴くままに生殖し、餌をとり、生き延びてきたと考えられる。魚類、両生類、そして爬虫類までの動物はほとんど新しいことを学習することがない。

ところが鳥類になると少しは大脳が発達して、物ごとを学習する能力が出てくる。一番有名な例は「刷り込み」という現象だ。卵から孵化《ふか》したトリのヒナが、生まれてすぐに見た動くものを親と認識することだ。毎年、春になるとカモのヒナが親に連れられて水場に移動する場面が見られるが、カモのヒナは生まれてすぐに見たものを親として認識し、懸命に後を追う。つまり、ものを記憶して学習する能力があるのだ。それに対して、卵から孵化した爬虫類（たとえばカメ）の子どもや両生類（カエル）の子ども（オタマジャクシ）が、親を認識して覚えることはない。

鳥類は絶滅した恐竜の直系の子孫なので、トリの子育ての原型は恐竜にも見られる。現存のワニも、地中に生んだ卵が孵化した直後に、母親が子ワニを掘り返し、口にくわえて水辺まで運び、外敵から子ワニをまもるという行動が見られるので、子育ての原型はすでに一部の爬虫類にもあるようだ。

しかし、親を認識するトリの「刷り込み」の場合、それが本当の親でなくとも、ヒトでもおもちゃでも動くものであればすべて親と認識してついて行ってしまう。それがトリの限界だが、とにかくトリくらいになると、学習することができるのだ。

哺乳類になるとさらに大脳の新皮質という部分が発達して、記憶や学習能力が一段と高まる。その頂点に立つのが大脳新皮質を大きく発達させたヒトだ。

ヒトの脳は、本能をつかさどる「爬虫類脳」の上に、大脳新皮質が覆いかぶさるように発達している。その大脳新皮質が、理性を作り出し本能を制御している。身近な例で言うと、酒飲みが最初のうちは機嫌よく飲んでいても、次第に酔っぱらって急に下品なことを口走ることや、めちゃくちゃなけんかを始めることがよくある。それは普段ヒトの行動をコントロールしている大脳新皮質の前頭葉という部分がアルコールでマヒしてしまい、抑制がきかなくなるからだ。完全に抑制がはずれると、生命の基本をつかさどっている「爬虫類脳」だけが働き本能がむき出しになる。つまり、ヒトの最大の特徴は、大脳新皮質を発達させて本能行動をコントロールできることだ。

■霊長類の進化～新世界ザルと旧世界ザル

チンパンジーとヒトの違いを考えるために、霊長類からヒトへの進化の道すじを簡単にみておこう（50ページ図３）。霊長類というのは簡単に言えばサルの仲間のことだ。

霊長類は大きく2つの系統にまとめられる。１つは原猿類といって非常に未分化なサルの仲間、他方は本格的なサル（真猿類）だ。霊長類の大きな特徴は両眼視ができること、いわゆる立体的にものを見る能力だ。ヒトも両眼視できて距離を測ることができるが、この能力は樹上生活には必須の能力だ。両眼視ができないと距離が測れないので、樹上で木から木へ飛び移ったりする自由な行動ができない。

さらに霊長類は握力のある指を発達させている。ものをつかむことも樹上生活への適応で、枝を

図３　霊長類（サル類）の系統樹

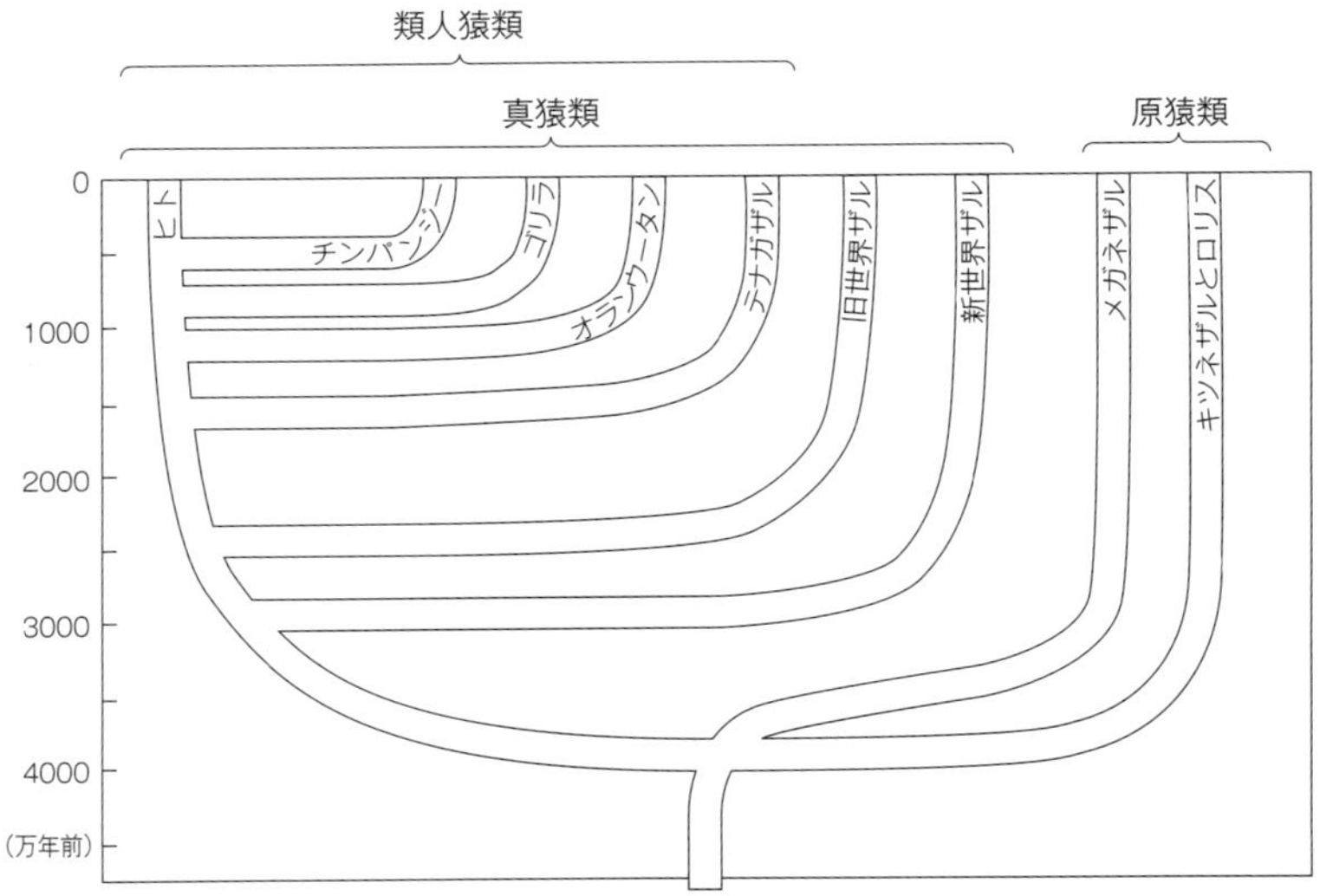

霊長類のもっとも原始的なグループは原猿類であり、ヒト上科が最も新しく進化した。ヒトとチンパンジーは700万年前に共通の祖先から分岐した。（『レーヴン／ジョンソン生物学（下巻）』P.レーヴン他著、R/J Biology翻訳委員会編、培風館、2007年、図34・44から改変。

つかんで移動する、餌をとるという能力を持っている。この２つが霊長類の大きな特徴だ。

原猿類から真猿類が分かれ、真猿類は広鼻《こうび》類と狭鼻《きょうび》類に分かれる。読んで字の通り鼻の幅が広いサルと狭いサルだ。広鼻類は南北アメリカに生息しているので新世界ザル、狭鼻類はアフリカ、ユーラシア大陸に分布しているので旧世界ザルとも呼ばれる。その旧世界ザルからヒトを含む類人猿が進化してきた。

類人猿というのは、テナガザル、オランウータン、ゴリラ、チンパンジー、ヒトだが、その類人猿の仲間は、旧世界ザルの系統に属す。ヒトはアフリカで進化したわけだから、旧世界ザルの系統というのは当然だ。

このチンパンジーとヒトの共通の祖先から約７００万年前に分岐が生じて、ヒトが生まれてきたが、その両者を分けるのは冒頭に述べたように直立2足歩行だ。

■なぜ脳が巨大化したのか～社会脳仮説

ヒトは直立2足歩行の結果、手を使用し道具を駆使することで脳が大型化したと言われているが、ヒトの脳が巨大化した本当の理由はまだよくわかってはいない。実は、祖先型のヒトが直立してからも長期間にわたって脳の肥大は見られないのだ。だから、直立2足歩行そのものが脳を大きく発達させた直接の原因ではないようだ。

第3章「ヒト、人になる――人間の条件」で詳しく述べるが、祖先型のヒトがチンパンジーの系統と分かれたのが約７００万年前、本格的に直立2足歩行が確立したのが約５００万年前で、その後３００万年の長きにわたって脳の大きさにほとんど変わりがない。化石の資料を調べてみると、脳の大きさは５００ミリリットルくらいで経過する。本格的に脳が大きくなるのは２００万年前からだ。つまり、直立2足歩行の結果すぐに脳が大きくなったわけではないのだ。

ヒトの脳が巨大化したのは、ヒトが社会的な生活を始めたことと関係していると言われる。それを「社会脳仮説」という。５００万年前の初期の祖先型のヒトは家族単位で狩猟採集生活をしていたが、大きな社会はまだつくられていない。２００万年前から次第に家族が集まり地域集団が形成されていく。本格的な社会ができ、部族で生活をするようになって、狩猟採集の手段も複雑化し、火を用いるようになった。その社会生活の結果脳が大きくなっていった。

家族を中心とした生活といくつかの家族を含めた地域集団とでは、生活の質が変わる。家族だけの生活では、人間関係は夫婦と親子関係だけだから非常に単純だ。各人の役割分担や分業も家族内にとどまっている。しかし、いくつかの家族が集まった社会ができると、対人関係が複雑になる。協力や分業、場合によっては競争やいさかいも始まっただろうし、獲物や採集したものの分配や火の管理などにも調整が必要になる。そうした社会生活を営むことで脳が飛躍的に発達したのだと考えられている。

■ミクロセファリン遺伝子の登場

ヒトの脳が大きくなった背景に集団生活があったことはすでに述べた。では、脳が大きくなるために生物学的にはどういったことが起きてきたのだろうか。

ヒトの脳が巨大化した原因遺伝子が見つかっている。それは遺伝的に脳が発達しない異常小頭症の研究からだ。脳の大きさは普通1400ミリリットル程度だが、突然変異で400ミリリットルくらいの大きさの脳しかできない症例がある。他の臓器には顕著な変化はないが、特に大脳皮質の発達が悪く、神経芽細胞の増殖と分化がうまくいかないと考えられる。その突然変異の分析からひとつの原因遺伝子が見つかり、ミクロセファリンと名付けられた。「ミクロ」は小さい、「セファリ」は脳という意味だ。この遺伝子が進化の過程で生じたことにより、ヒトの脳が飛躍的に大きくなったと考えられる。このミクロセファリン遺伝子がいつ登場したかはっきりしないが、２００万年前から脳が大型化したので、その時だろう。さらに、この遺伝子が3万７０００年前に新型に切り替わったことによって、ヒトが象徴的な概念を理解することができるようになったと言われている。

脳が大きくなる原因となったもうひとつの遺伝子は、咀嚼筋《そしゃくきん》のタンパク質を作る遺伝子だ。ヒトとほかの類人猿の大きな違いは顎の大きさにある。ゴリラやチンパンジーは大きな顎をもち、狩りをしたり、固いものを嚙んでいる。そのために強力な咀嚼筋が発達している。しかし、ヒトは進化の過程で、両手で武器を使用し、火を用いて消化しやすい食物を食べるようになったので顎は華奢《きゃしゃ》になり、咀嚼筋も小さくなった。その咀嚼筋を作っているタンパク質のひとつであるミオシンの遺伝子が２４０万年ほど前に突然変異で不活性化した。そのことにより顎が小さくなり、逆に脳が大きくなる余地が生まれたと考えられる。ただし、この遺伝子の不活性化が、脳が大きくなる原因か、結果かはよくわからない。

ヒトの脳が正常に働くには膨大な数の遺伝子が必要だ。体重のわずか2・5%の重さの脳で発現する遺伝子は全遺伝子の40%にものぼる。ヒトの脳の発達にどの遺伝子が一番重要だったのかはまだよくわからない。人類進化の過程で、ミクロセファリン遺伝子が大きく働いたと考えられているが、その他の遺伝子の働きについては第5章で改めて述べる。

■直立2足歩行のデメリット

ヒトが直立2足歩行をすることで、本格的なヒトへの進化が始まったが、その結果都合の悪いことも生じた。つまり、直立歩行により脳が大きくなるメリットがあった反面、その直立2足歩行に伴うデメリットもあった。それを、進化では「トレードオフ」という考えで説明する。一方を追求すれば他方を犠牲にせざるを得ない状態を言う。

ヒトは直立歩行のために骨盤を含めて全身の骨格が大きく変化した。体のつくりが変わったことによって、それに伴う不都合が始まったのだ。

代表的なものを5つ挙げておく。

① 難産：直立歩行を支えるための一番大きな骨格の変化は骨盤だ。4足歩行では下半身の運動を支えるために、骨盤は狭く長いものだった。直立すると下半身だけではなく全体重を支え、体幹を支えるようになり、骨盤は広く平板になった。それと引き換えに産道が狭くなった。一方、大脳の肥大化によって胎児の頭が大きくなる。そのために難産がヒトの宿命となった。

② 高血圧：直立歩行では頭が体の真上に来るから、血液循環系への負担が大きくなった。非常に大事な脳へ血液を運ぶために、大きな血圧が必要となった。脳は体の2・5%を占めるに過ぎない器官だが、その血液消費量は20%にもなる。ちょっとでも血流が止まると死にいたる。動脈に大きな負担がかかることになる。

③　血栓：逆に、下肢に行った血液が静脈系を通って体の中央に戻ってくる際に逆流防止の仕組みが必要になり、血栓ができやすくなった。よく知られているエコノミー症候群もそのせいだ。

④　痔核《じかく》：直立したために直腸静脈のうっ血が激しくなり、痔になりやすくなった。４足動物には痔は見られない。

⑤　腰痛と膝関節炎：直立した体の全体重を下肢で受け止めるため、腰と膝に大きな負担がかかるようになった。現代人の多くが腰痛と膝の関節炎に悩んでいるが、こうした悩みも、直立歩行と引き換えにした犠牲だろう。ただし腰痛は農業や工業などの前かがみの労働と関係していると言われる。狩猟採集民や長い距離を歩く生活をしている民族では全く腰痛がないので、腰痛は現代病なのかもしれない。

■難産と引き換えにヒトの文化が生まれた

直立2足歩行によりヒトの体形・骨格が変わり、産道が狭くなった結果、いくつかの重要な変化が生まれた。胎児の頭が大きくなると、産道を通ることが難しくなる。そこで、胎児の段階では比較的小さい脳で生んで出産後に脳を大きくさせる方法をとるようになった。

霊長類の出産時の脳と成人の脳の大きさを比べれば一目瞭然だ。ヒトでは成人脳の25%の大きさで生まれ、１年後には50%となり、10歳で95%程度、14～15歳でほぼ完成（１００%）となる。それに対してニホンザルではなんと70%もの大きさで生まれるし、チンパンジーでは40%の大きさで生まれ、1年後に80％にまで大きくなる。ゴリラでは、50％くらいの大きさで生まれ、4年の間に2倍になる。

このようにヒトの脳はきわめて小さい状態で生まれ、出産後急速に大きくなる。脳はエネルギー消費の激しい器官だから、脳の発達にも非常にエネルギーがかかる。そのために新生児期・幼児期には摂取するエネルギーの大部分が脳の発達に使われる。栄養の大部分が脳の発達のために使われるから、体の発達はどうしても遅くなる。ヒトの赤ちゃんの体の発達が他の動物に比べて遅くなり、幼児期が長くなるのはそのためだ。

幼児期が長くなり成熟までに時間がかかるので、養育、教育することが大事になり、その中から遊びが生まれた。多くの哺乳類の子どもは遊びながら成長するが、動物の子どもの期間はそれほど長くはない。体の小さな哺乳類では1年以内に成熟して大人になるし、大型の動物でも長くても2～3年で大人になる。それに対してヒトは、思春期になるまでに10年以上かかる。本格的な大人になるには15年から場合によっては20年もかかる。こうした幼年期、少年期、青年期という長時間をかけて成熟することがヒトの大きな特徴だ。この問題は第5章で、「ヒトのネオテニー的特徴」という項で詳しく論じる。

第3章　ヒト、人になる――人間の条件

この章のタイトルは、五味川純平《ごみかわじゅんぺい》の有名な小説『人間の条件』からとった。『人間の条件』は、戦争という極限状態のもと、満州、今の中国東北部を舞台に侵略戦争を行った日本の軍隊という暴力と理不尽な上下関係のなかで、いかにして人間性を保っていくかを中心テーマとした重い作品。機会があればもう一度読み返してみたい小説だ。

この章では、野生動物だったヒトが人間になっていく生物学的な条件を考える。野生の動物だった祖先動物が人になっていくことをホミニゼーションと呼ぶが、ヒトの学名であるホモ・サピエンスのホモから来ている。

この章のタイトルで示したように、「ヒト」とカタカナで書いた場合は、生物の一種としての人間を意味する。生物学的な用語で、学名ではホモ・サピエンス、和名ではヒトというわけだ。それに対して、漢字で「人」と書いた場合は、生物学的なホモ・サピエンスとしてのヒトではなく、野生動物から本格的な人間になった人を意味している。

■ホミニゼーション

昔から、ヒトになるカギは何だろうか、が議論になってきた。第2章「アリの微小脳、ヒトの巨大脳」で述べたように、ほかの野生動物との違いは脳の発達の程度だから、脳が飛躍的に大きくなったことがカギだろうと言われてきた。チンパンジーの脳の大きさは大体500ミリリットル程度、それに対してヒトの平均的な大脳の大きさは1400から1500ミリリットルだ。ヒトの脳が圧倒的に大きいので、サルとヒトを区別する決定的な違いは脳の大きさだ、と考えられてきた。

そこで昔は、脳の大型化がヒトになるために一番大事なことだ、脳の大型化によってチンパンジーのような動物がヒトになっていった、と考えられてきたわけだ。しかし今では、脳の大型化よりも直立2足歩行が重要だと考えられている。脳の大型化は直立2足歩行の結果として生じた、というのが基本的な考えだ。

ゴリラやチンパンジーなどの類人猿は、ヒトに近い体や能力を持っているが、彼らは前脚をついて歩く。こぶしを丸めて地面に下すので「ナックル・ウォーク」と呼ぶ。それが次第に2本足で自立するようになり、最終的には直立するようになる。これがヒトへの第1歩というわけだ。

ここで気をつけなければならない点は、チンパンジーから直接ヒトが進化してきたわけではないことだ。間違いやすいことなので強調しておくが、共通祖先から、チンパンジーとヒトが分岐したということだ。

初期人類が立ち上がった直接の理由は後で述べるが、2足歩行の結果、自由になった前脚つまり手が自由になって、道具を使うことができるようになった。チンパンジーもある程度の道具を使いこなすし、他の動物でも道具を使いこなす動物がいろいろいるので、道具の使用そのものがヒトの特徴だ、というわけではない。直立2足歩行をするようになって両手を使用することが増えるにしたがって次第に器用になり、それにともなって次第に脳の配線が複雑になっていった。同時に、直立することによって頭が体の真上に来るので、重たい頭を維持できるようになった。

現在でも、頭の上に大きな水カメなどの荷物を載せて運ぶ民族がいるが、頭の真上に重たい物を載せることは理にかなっている。直立2足歩行によって、大脳が発達する条件が整ったのだ。その後社会生活をするようになり、200万年もかけて脳が大きくなったのは先に述べたとおりだ。

■なぜヒトは成功し、チンパンジーは動物のままなのか

ヒトの進化の話をすると、「どうしてヒトは直立して成功したのに、チンパンジーは直立しなかったのか」という質問がよく出る。ヒトの直立2足歩行が進化した理由を考える前に、ヒトとチンパンジーの進化の道すじを考える。

前に説明したように、ヒトの祖先とチンパンジーの祖先が分かれたのは約700万年前だ。その後、ヒトの祖先は試行錯誤を繰り返しながら本格的な人になり、チンパンジーの祖先動物はチンパンジーとなった。

第2章に示した図3（50ページ）に出てくる動物は、ヒト、大型類人猿（チンパンジー・ゴリラ・オランウータン、テナガザル）、旧世界ザル、新世界ザル、そして原猿類だが、それらはみな現在地球上に住んでいるサルたちだ。生き残っているということは、それぞれの環境にうまく適応しているということだから、誰が成功し、だれがだめだったという関係ではない。

ヒトとチンパンジーは700万年前に分かれたが、両者ともそれぞれの環境に適応して生き残った。チンパンジーは森林生活に生き残りをかけ、立ち上がらなくともその環境にうまく適応して生き残り、ヒトは森林から1歩足を踏み出し立ち上がることで成功したのだ。ヒトは立ち上がった後でも、たとえば後で述べるアウストラロピテクス（400万年前）、ホモ・エレクトス（200万年前）、ネアンデルタール人（10万年前）などいろいろな人類が進化したが、彼らはうまく環境に適応できず競争に負けて絶滅してしまい、ホモ・サピエンスだけが生き残った。

チンパンジーの仲間も、ヒトと分かれた後いろいろ試みたが、今残っているのはチンパンジーとボノボ（小型のチンパンジーで以前はピグミー・チンパンジーと呼ばれていた）という2種類だけだ。ゴリラも、ニシローランドゴリラ、ヒガシローランドゴリラ、マウンテンゴリラなど3〜4種ほどが生き残っているが、多くの種が適応できずに途中で絶滅している。

ヒトとチンパンジーとを分けたのは、ほんのわずかな環境の違いだったのだろう。この後、ヒトになる過程を少し厳密に考えてみる。

■ヒトはなぜ立ち上がったのか〜プレゼント仮説

初期の人類はそれまでの森林で暮らしていた生活をやめてサバンナへ進出した。当時はまだ2足歩行は完成せず、今のチンパンジーのようなナックル歩行だった。しかし、環境が乾燥化し、森林が次第に草原になっていくのにともなってヒトは立ち上がり、2足歩行を始めた。それが本格的なヒトへの第1歩だ。ヒトが直立2足歩行になった理由としていくつか挙げられる。

①　自分の体を大きく見せるため
②　長距離を移動するため
③　太陽光線を受ける面積をへらして、体温調節を有利にするため
④　見晴らしのよいサバンナでいち早く捕食者を発見するため
⑤　上肢（手）で武器を使用するため
⑥　両手で食物を運搬するため

などの理由が提案されているが、まだ決定的なものはわかっていない。その中で最近注目を集めているのが両手で食物を運搬するという「プレゼント仮説」だ。

野生動物では、オスが狩りをしてメスに餌を運ぶ例はよく知られている。本格的な2足歩行をしていなかった初期人類もやはりオスとメスの分業があった。オスが狩りをし、メスが子どもを育てるという分業で、オスはメスと子どもに餌を運ぶ生活をしていたようだ。

4足歩行では両手が使えないから、多くの動物がやっているように口で食料をもちかえる以外に方法はない。それではたくさんの食料を運ぶのに不便だ。もし、立ち上がって両手で抱えて運ぶことができれば、より多くの食料を運べる。だから、2足歩行をしてたくさん餌をメスへプレゼントできるオスが有利で、次第に2足歩行の形質が選ばれていったという説だ。メスはできるだけ多くの餌を運ぶオスを好み、そのオスと交尾をするようになり、次第にこうした性質をもつ子どもが増えていったと考えられる。

では、なぜオスはメスへプレゼントするのだろうか。

それは、自分の子どもを作るために交尾する機会を増やすためだ。温帯に住む多くの野生動物には生殖時期があり、1年の中で特定の時期にのみ生殖行動を起こす。たくさんの食料が得られる時期に子どもが生まれるように仕組まれているからだ。動物のメスは生殖時期（排卵時期、または発情期）になると、特定の匂いを発したり、外部生殖器の一部が赤く充血したりして、オスを受け入れる時期が外部からわかる。メスは発情期にだけオスを受け入れ、オスは発情期のメスを見つけて交尾をする。熱帯に住む多くの野生動物には特定の繁殖期は見られないが、メスの排卵時期（発情期）にだけ、オスを受け入れて交尾をし、繁殖する。

熱帯地方（アフリカ）で進化したヒトは、他の熱帯性の野生動物と同じように季節による繁殖期がみられず、ヒトではほぼ毎月排卵されるようになった。通年生殖が可能になると同時に、ヒトのメスは排卵時期を隠すようになった。ヒトでは排卵の時期が外からはわからない。いつ排卵されるのかオス（男）はわからない（たぶんメス〈女〉もわからない）から、オスはいつもメスのそばにいて、交尾を繰り返して受胎を期待するようになったのだろう。メスは排卵を隠すことで、オスを引き留めておく。そのために、オスはいつもメスのそばにいて、他のオスが自分のメスと交尾しないように見張るようになった。それが今に引き続く一夫一妻制の基本だろうと言われている。

この後、初期人類の婚姻制度の進化を考えてみる。

■乱婚制から一夫多妻制、そして一夫一妻制

地球上に住んでいる多くの民族の婚姻形態を調べたデータがある。婚姻形態というのは、社会における成人男女の生殖システム（配偶形態）のことだ。ふつう日本に住む私たちは法律でも一夫一妻制になっている。多くの先進国では一夫一妻制なので、すべての民族が一夫一妻制を採っていると考えがちだが、調べてみると必ずしもそうではない。

世界各地の民族を調べてみると、その多くは一夫多妻制を採っている。一夫多妻制を採っている民族は、全体の約70％もある。しかし、その社会でも全員が一夫多妻をしているかと言えば、必ずしもそうではなくて、集団の20％以上が1人で複数の妻を持っているのは約3分の1に過ぎない。やはり、経済力や社会的な地位によって差別というか、区別があるのだろう。

面白いことに、ほんのわずかだが一妻多夫制を採っている民族もあるようだ。

地球上の約3分の2の民族集団が一夫多妻制を採っているということは、進化的にみてヒトはもともと緩やかな一夫多妻制でやってきたが、時代が進むにつれてだんだんと一夫一妻制になってきた、と考えるのが順当だろう。だが、ヒトの社会はもともと一夫多妻制ではなかった、という研究もある。それは、ゴリラやチンパンジーなど、ヒトに近い類人猿の精巣の大きさと精子の数を比べたものだ。

一般的に言って、一夫多妻制、極端な場合はハーレムを作る動物では、体重あたりの精巣の重さの比率は小さく、1度に放出される精子の数も少ない。そうした動物ではオス同士の戦いが中心で、物理的・肉体的に力の強い大型の個体が、その集団のなかでメスを独り占めにして生殖活動を行う。その場合、オスにとっては精子の数はそれほど問題ではない。メスを独り占めにするわけだから、精子の数は卵子を授精できさえすればよいので、少なくても十分なのだ。そのために精巣の大きさもそれほど大きくならない。

体重あたりの精巣の大きさを調べると、たとえば、ゴリラなどでは精巣はあまり大きくない。体重あたり0・02%くらいで、1回に放出される精子の数も5000万匹だ。そのゴリラは典型的なハーレムを作る動物、一夫多妻制の動物だ。同じようにオランウータンも精巣の大きさが体重の0・05%で、精子の数が7000万匹程度だ。つまり、ゴリラもオランウータンも体に比べて精巣は小さく、1度に放出する精子の数も少ないことが特徴だ。

ところが、同じような大型の類人猿であるチンパンジーはまったく違っている。チンパンジーの精巣は圧倒的に大きい。体重あたりにすると０・３％で、ゴリラやオランウータンの10倍も大きい精巣を持ち、その結果、１回に放出される精子の数が６億匹と圧倒的に多い。同じ大型の類人猿でも、チンパンジーとゴリラとではこうした違いがみられる。その理由を考えてみよう。

なぜ、チンパンジーが非常に大きな精巣を持っていて、１回の射精で放出される精子の数が多いのだろうか。その理由は、チンパンジーの婚姻システムが複数雄複数雌の乱婚制によるものだ、と考えられている。

乱婚制というのは、メスはどんなオスとも原理的に交尾をすることができる配偶システムだ。だから、オスにとっては自分の子どもを残すためには、精子の数で勝負しなければならない。たとえば、あるメスが３匹のオスと次から次へと交尾したとすると、そのうちの１匹の精子だけが受精にあずかれるわけだ。もし、３匹のオスがまったく同じ数の精子を放出したとすると、自分の子どもができる確率は平均して３分の１だ。ところが、ほかの個体よりも多くの精子を放出できれば、自分の精子が受精する確率が高くなる。

オスＡが放出する精子が１万匹、オスＢがやはり１万匹で、それに対してオスＣが２万匹放出したとする。単純計算から言えば、オスＣの精子が受精する確率は２分の１になるわけで、精子が多いほうが自分の子孫を残しやすい。このように、乱婚制を採った動物は、精子の数が多くなるように進化して来たと考えられる。チンパンジーはその代表だと言ってよい。

では、ヒトの場合はどうか。もし、ヒトの婚姻形態が多くの民族で見られるように一夫多妻を原則とするものであるならば、精子の数はそれほど多くなくてもよいはずだし、精巣もそれほど大きくなくてもよいはずだ。ところが、ヒトはチンパンジーほどではないが、ゴリラやオランウータンよりも精巣が大きく、1回に放出される精子の数も約2億匹とかなり多い。

ということは進化的にみて、ヒトは野生時代には緩やかな乱婚制をとっていたのではないかと推定される。その後、社会的な生活をするようになって一夫多妻制になり、さらに世の中が進むにしたがって、今見られるように一夫一妻制になってきたのだと考えられる。

■猿人、原人、旧人、新人という分類は古い

人類がどのように進化してきたかを考えるとき、多くの読者には猿人、原人、旧人、新人という言葉はなじみが深いと思う。

猿人というのは、最初に2足歩行に移行した猿のようなヒトの仲間という意味で、400万年前よりも古い地層からアフリカで見つかった化石人類の呼び名だ。その代表が後で述べるアウストラロピテクス・アファレンシス（アファール猿人）だ。エチオピアの高地から出土した非常に有名な化石だ。

次の原人は、猿人よりもさらにヒトに近づいた人類で、私たちにはジャワ原人とか北京《ペキン》原人という呼び名がわかりやすい例だろう。北京原人は北京郊外の周口店《しゅうこうてん》で発掘された化石人類で、化石や洞窟の証拠から最初に火を使った人たちと言われている。大体50万年前の人類だ。昔はピテカン

トロプス・エレクトス（ジャワ原人）とか、シナントロプス・ペキネンシス（北京原人）などと呼ばれていたが、現在ではこれらの化石人類は全部ホモ・エレクトスと呼ばれている。

旧人は、ネアンデルタール人というヨーロッパのネアンデル峡谷で見つかった化石が非常に有名で、これは私たち日本人にはなじみがある。

最後の新人は現代人を含む人たちで、化石ではクロマニヨン人が有名だ。

しかし、最近ではこの4つの区分はあまり適当ではないと言われている。特に欧米では、この旧人という名前は使っていない。

その理由は、化石資料を調べてみると、旧人と言われるネアンデルタール人が、新人と呼ばれる化石よりも明らかに新しい地層から出土することが普通にみられるからだ。だから、旧人・新人という呼び名はあまり適当ではない。日本ではネアンデルタール人は旧人、つまり古いタイプのヒトだと分類されていたが、最近の欧米の教科書では、ネアンデルタール人も新人に含めている。

■チンパンジーと分岐した「サハラの人」

以前はアファール猿人のような化石人類が、人類のもっとも初期の形態だと考えられていた。つまり、400万年前から200万年前にアフリカに生息していたアウストラロピテクスが、人類の始まりだと長いこと信じられてきた。しかし、その後発掘がどんどん行われて新しい発見が相次ぎ、人類の起源はもっとさかのぼることになった。2001年、中央アフリカのチャドで発掘された化石によって、人類の起源は700万年前までさかのぼった。その化石は約700万年前の地層から出土し、サヘラントロプス・チャデンシスという名前が付けられた。

ちなみにこのサヘラントロプスの「サヘラン」とは、サハラ砂漠のサハラから来ている。「アントロプス」はヒトの意味だから、これで「サハラの人」だ。また、チャデンシスというのは、サハラ砂漠の南部にある国チャドに由来する。つまりサハラ地方のチャドで見つかった猿人という意味だ。そうすればなかなかなじみのない名前もある程度記憶に残るのではないだろうか。ヒトが人になる第1歩がアフリカの中央部で踏み出されたわけだ。

この化石人類は大体200万年以上のあいだ生息していた。200万年という長さは化石人類にとってても非常に長い時間で、このことから言っても、この種はかなり成功した初期人類だ。小型で、脳の大きさも非常に小さくサルみたいなものだが、2足歩行をしていたと考えられる。直立の程度はまだはっきりとはしないが、2足歩行は間違いないようだ。

ヒトが人になったきっかけというかポイントは、2足歩行がその出発点だから、このサヘラントロプスがヒトの第1歩を踏みだした最初の化石人類ということになった。

猿人のグループは大きく分けて、初期の猿人であるサヘラントロプスと、これから述べる後期の猿人であるアウストラロピテクスの2つのグループがあったと言ってよいと思う。

■後期の猿人～「ルーシー」

化石人類で一番有名なものは、アフリカのエチオピア北東部のハダール村で発掘された約３８０万年前の化石だ。アウストラロピテクス・アファレンシスという名前を付けられた有名な化石だ。人類の化石は大変見つけにくく、見つかったとしてもたとえば頭蓋骨《ずがいこつ》だけ、足の骨だけ、顎の骨、骨盤の骨など断片的に出てくるので、なかなか判別が難しいが、この化石標本は全身の骨格の40％が一気に出てきた非常にまれな化石だった。

ちなみにアウストラロピテクスという属名は、ラテン語で「南のサル」という意味だ。南という意味の「アウストラ」と、サルの「ピテクス」を合わせたものだ。ついでながら、私たちにはなじみの深いピテカントロプス・エレクトスという化石人類は、サルという意味の「ピテクス」と、ヒトという意味の「アントロプス」をくっつけたものだ。多くの学名は、ラテン語の意味を重視してつけるのが普通だ。

この化石人類は、現代人と比較するとかなり小型で身長が１２０センチメートル程度、脳容積も４００ミリリットル程度で、チンパンジー並みの体格だが、その骨格から直立2足歩行していることがはっきりしているために、大変注目を集めたものだ。

この化石には「ルーシー」というあだ名がついた。化石であだ名というか呼び名を付けられた標本はきわめて珍しいものだ。発見は１９６２年で、発掘現場ではビートルズの「ルーシー・イン・

ザ・スカイ・ウィズ・ダイヤモンズ」という曲が流れていたことで、そのルーシーを採ったと言われている。多分、猿人の化石で最も有名な化石のひとつで、多くの高校生物の教科書にも載っている。これらの骨格を詳細に検討して、直立2足歩行をしていたと結論づけられた。

■火を使った初期人類、北京原人

猿人の次に出土するのが原人の仲間だ。さまざまな化石が見つかっていて、ホモ・ハビリスとかホモ・エレクトスと呼ばれる人類だ。完全に直立して歩き回り、かつ自由になった両手で道具を使うようになった本格的な初期人類だ。その到達点が火を使用した北京原人と言っていいだろう。少なくとも50万年前には、人類は狩猟した動物の肉を焼いて食べるというかなり文化的な生活を始めたのだ。道具を使い、火で肉をあぶり食べることによって、それまで必要だった大きな犬歯と強く大きな顎は必要なくなった。

以前は火の使用は今から50万年前と言われていたが、最近の研究ではどんどん早まり、100万年前、場合によっては170万年前にもさかのぼるという研究結果も出されている。

最後に、新人の系統の出現だ。研究者によっては、ホモ・ネアンデルターレンシス、ホモ・ハイデルベルゲンシス、ホモ・サピエンスなどと呼ばれている人類だ。先ほども説明したように、日本ではネアンデルタール人は旧人の代表とされているが、欧米の教科書では、ネアンデルタール人は新人扱いだ。

図4は、これまで述べてきた化石人類の進化の様子を非常に簡単に示したものだ。初期人類の系統関係つまり、どの集団からどんな人類が出てきたのかは示されていないが、現生人（ホモ・サピエンス）までの化石人類が時代ごとに示されている。多分、ホモ・ハイデルベルゲンシスからネアンデルタール人と現生人が分化したのだろうと考えられている。

図4　ヒトの進化系統図

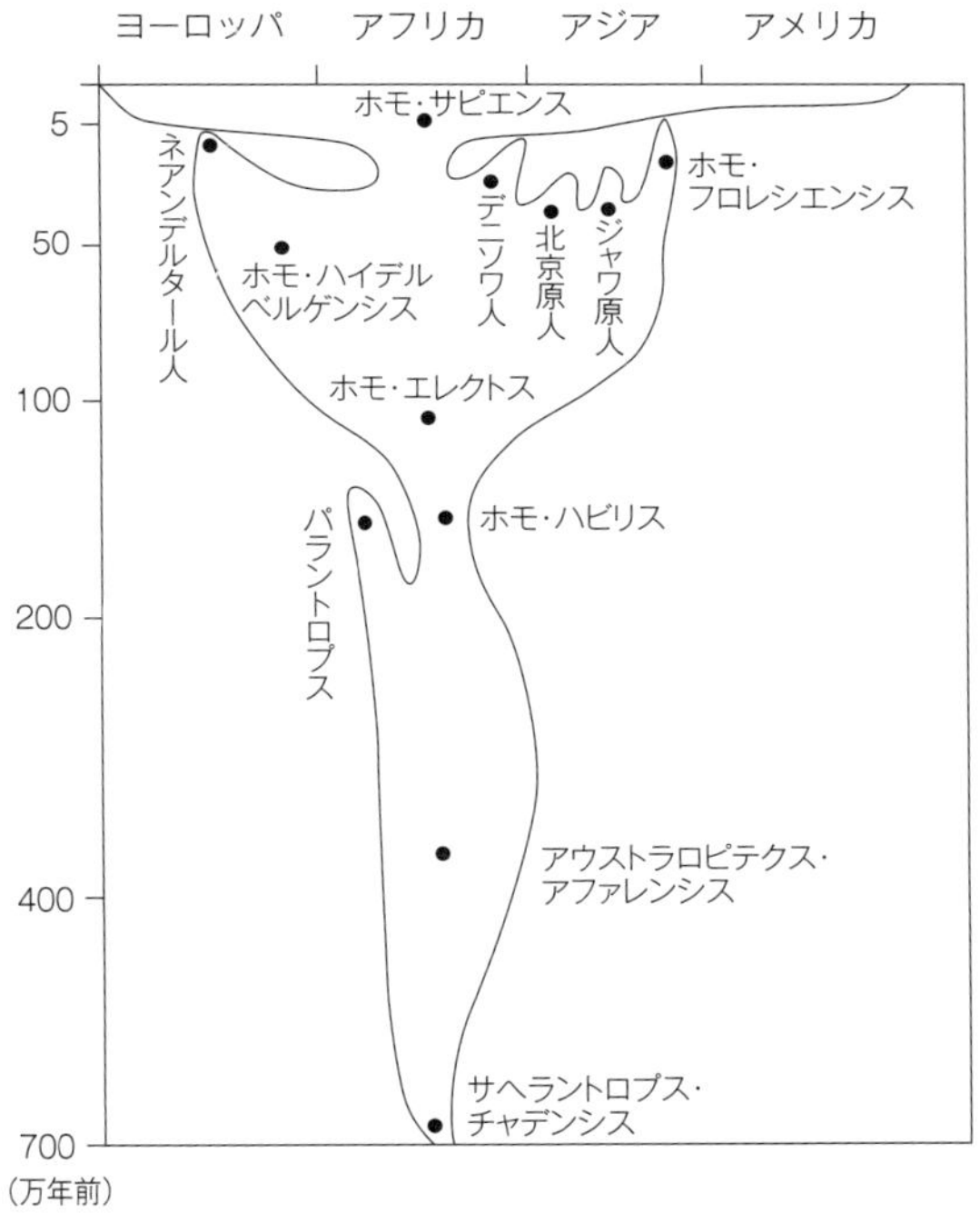

図中の各点は主な化石人類を示す。アフリカで生まれたヒトの祖先は猿人、原人、新人へと進化し、ヨーロッパ、アジア、アメリカへと広がった。『人間性の進化　700万年の軌跡をたどる』日経サイエンス別冊151、馬場悠男編、2005年、http://www.vec-member.com/salon/68, http://ja.wikipedia.org/wiki/などを参照して作図。

このようにヒトへの道すじは決して単純なもの、一直線ではなく、複数の人類が併存していたようだ。しかし多くは途中で絶滅してしまい、最後に残ったのが、現生人類であるホモ・サピエンスだけなのだ。

■ネアンデルタール人とホモ・サピエンスの力関係

図4に示したように、有名なネアンデルタール人はヨーロッパに進出した人種だが、現生人であるホモ・サピエンスとは直接のつながりがなく、進化の袋小路に入っていった人類だ。

では、ホモ・サピエンスと共存していたネアンデルタール人はどうなったのだろう。ネアンデルタール人はその名の由来通り南ドイツのネアンデルタール峡谷で発掘された化石人類だ。ヒトの発祥の地、アフリカに比べてヨーロッパは緯度が高いのが特徴だ。北へ行くほど日照は不足するし、寒くなる。そのためネアンデルタール人の体色は白くなり、体も大きくなるように進化した。

それに対して、同時代のホモ・サピエンスは華奢《きやしや》な体つきで、力は圧倒的にネアンデルタール人が強かったようだ。ネアンデルタール人は体が大きく、力も強かったのでエネルギーが大量に必要だった。大量のエネルギー補給には、草食・雑食よりも肉食の方が向いている。だから、ネアンデルタール人は大型の哺乳類を狩って、食料としていたのだ。

10万年前から5万年前のある時期はネアンデルタール人が優勢で、ホモ・サピエンスはそれに押され気味だったらしい。ネアンデルタール人は非常に力が強く、大きな石器を付けた狩りの道具

（斧《おの》や槍《やり》）で、大型の哺乳類を狩っていた。脳の大きさから言っても十分に知的な人類で、言語を持っていたようだ。ホモ・サピエンスと同じように石器を使用し、場合によっては遺体を埋葬し、精神的な文化をもった化石人類だった。

ネアンデルタール人に比べて少しひ弱なホモ・サピエンスは、狩りの仕方を工夫しなければ生き残れなかった。両者の決定的な違いは飛び道具の工夫だろうと言われている。ひ弱なホモ・サピエンスは、大型の石斧《せきふ》や槍を振り回しての狩りでは、ネアンデルタール人の相手にはならない。そこで小型の石器を開発し、飛び道具を利用した狩猟を行うことで、ネアンデルタール人に対抗し、最終的には競り勝ったようだ。最後にはネアンデルタール人は絶滅し、ホモ・サピエンスだけが生き残った。

遺伝子DNAの解析から、ネアンデルタール人の遺伝子DNAの一部が、アジア人、ニューギニア人、ヨーロッパ人に残っていることが報告されている。しかし、現生のアフリカ人には残っていない。ネアンデルタール人のDNAが部分的には現代人の一部に残っているということは、ネアンデルタール人とホモ・サピエンスが非常に近縁で、場合によっては交雑したことを意味している。

■謎のホビット、フロレス原人

アジア地域は、ジャワ原人や北京原人が出土しており進化人類学からいっても注目を集めている地域だ。2003年、インドネシアのジャワ近くの小さな島であるフローレス島から、非常に小型の化石人類が見つかり、ホモ・フロレシエンシス（フロレス原人）という名がつけられた。身長が約1メートルという非常に小さな個体で、完全に直立2足歩行をしていたと考えられている。しかもその年代が大変新しく、6万8000年前から1万7000年前まで生息していたということで注目を集めた。なぜ注目を集めているかと言えば、2つの理由がある。

ひとつは、原人と考えられる古い形質を残したまま、つい最近までアジアで独自の生活を送っていたという点だ。大事な点はその生存期間で、1万7000年前まで生活していたという点だ。ヨーロッパのネアンデルタール人は3万5000年前に絶滅してしまった。多分、ホモ・サピエンスとの競争に敗れて消えていったのだ。つまり、世界的にみれば3万年前以降は、現代人につながるホモ・サピエンスしか生息していない。ところがそれよりも古い系統、原人（ホモ・エレクトス）の形質をもった人類が、1万7000年前まで住んでいたという。

第4章で日本人の由来について述べるが、日本の縄文時代は約1万6000年前から始まる。その縄文時代の直前までフローレス島では原人のような人類が住んでいた。

注目されるもうひとつの理由は、身長1メートルという非常に小型ながら直立2足歩行の人類が最近まで住んでいたという点だ。人類が進化し始めた700万年前〜400万年前という大昔であれば、こうした非常に小型の初期人類、猿人の存在もありうることだが、1万7000年前という非常に新しい時代、つまり縄文時代の直前にまさにホビットというような人類がいたというのだ。ホビットはファンタジー小説や映画で人気だが、フローレス島では現在でも「エブ・ゴゴ」と呼ばれる小人伝説が伝承されている。北海道のアイヌにもコロポックルという小人伝説があるが、そのもとになっているのかもしれない。

こうした小さいヒトがどのように進化したのか、小人のような人間がどうやって生き残ったのかについてはいろいろ説明がある。狭い島では動物はあまり大きくならない「島嶼《とうしょ》化」という現象があるが、そのためかもしれない。

■2度にわたる出アフリカ

さまざまな化石の証拠からいって、完全な直立2足歩行の動物（最初の人類）がアフリカで誕生したのは間違いのないことだ。その初期人類がアフリカから世界中に広がっていった。

アフリカで誕生して進化した人類の祖先は、実は2度にわたって世界中に進出した。そのことを旧約聖書に載っているモーゼに率いられたユダヤ人のエジプトからの脱出「出エジプト（エクソダス）」になぞらえて出アフリカと呼んでいる。

1回目はホモ・エレクトス、直立した原人が世界中に拡散していった。アフリカで出現した直立して歩行する初期人類が、アフリカを出て50万年前にはアジアにまで到達した。その結果がジャワ原人であり、北京原人というわけだ。しかし、その系統はどうやら子孫を残さずに絶滅してしまった。その後、別の新しい人種（新人）が世界中に放散していった。それが2回目の出アフリカで、この後裔《こうえい》が現生人だ。

1回目の出アフリカは、陸地を歩いてアフリカからシナイ半島を渡り、ヨーロッパやアジアに放散・進出していった。2回目の出アフリカは、陸地以外にも紅海を渡ってヒトが全世界に拡散していったという報告も出ている。12万年も前に、人類はすでに海を渡る船を持っていたようだ。多くは徒歩で、場合によっては船に乗って、人々は世界中に広まっていった。その人類の旅を「偉大な旅(グレート・ジャーニー)」と呼ぶ。

今から12万年前から2万年前に、アフリカから新しい人類が世界各地に向かっていった。われわれ現代人の祖先が各地に分散することで、その地にふさわしい形質を次第に獲得していった。アジアにたどり着いたヒトはアジア人に、ヨーロッパにたどり着いたヒトはヨーロッパ人になっていった。

もう一言加えると、第1次出アフリカでアジアにたどり着いた北京原人が今の中国人になったわけではない。北京原人の系統は絶滅し、その後新しくアジアに到達した人類が現在まで残っていると考えるのが普通だ。

現在のアマゾン先住民族も、アフリカからユーラシア大陸を経て、ベーリング海峡を渡り、北米大陸を南下し、パナマ陸橋を渡って約1万5000年前に南アメリカに達した人たちの末裔《まつえい》だ。こうした人類の大移動は、全体としては大型の狩猟動物、マンモスなどを追いかけてきたのではないかと説明されている。

結局、アマゾン川の流域に到達した人たちはそこにとどまってその風土・気候に合った生活、狩猟と採集の生活をするようになった。一番有名なのは「ヤノマミ族」という部族集団で、ヤノマミという名前は、彼らの言葉で「人間」という意味だ。北海道の先住民である人たちをアイヌと呼ぶが、このアイヌも彼らの言葉で人間という意味だし、エスキモーと呼ばれたイヌイットも、原語では人間を意味する。

いずれにせよ、人類の先祖はアフリカで出現して全世界に広がっていったというのが現在主流の考えで、アフリカ単一起源説という。それに対して、人類が各地で進化したという多地域起源説もあるが、どうやらアフリカ単一起源説の方が合理的に説明できるようだ。しかし、ネアンデルタール人とホモ・サピエンスがアフリカ以外で交雑した可能性があること、中国・チベット系の民族の一部に、ネアンデルタール人の近縁種で東方（ロシア・モンゴル・中国方面）に進出したデニソワ人の遺伝子が混じっているなどの報告があるので、もともとはアフリカに起源をもつ人類が、その後各地でホモ・サピエンス以外の集団と混じり合って地方色を強めていったという可能性も否定できない。そうすれば、「アフリカ単一起源 ＋ 多地域分化説」ともいうべき説に落ち着くことになるかもしれない。

これまで述べてきたように、化石人類には多くの種類がある。ネアンデルタール人とホモ・サピエンスのように、まったく同じ時期に違った人類が生きていたこともあるが、最終的にはホモ・サピエンスという一属一種となってしまった。

■なぜ現生人類は一種しかいないのか

現在、地球上に75億人ともいう人類が住んでいるが、すべてホモ・サピエンスという一種だ。他の種類の人類はいない。黒人、白人、黄色人種などの人種があり、さらに何千という民族・種族があるが、すべての組み合わせで交雑ができ、ちゃんとした子孫が生まれる。つまり、現生の人類は一属（ホモ）一種（サピエンス）だ。なぜ、現生人類は一属一種になってしまったのか、その理由を考えてみよう。

第1に、ホモ・サピエンスは、非常に旺盛で幅広い性的嗜好《しこう》をもつことだ。簡単に言えば、だれとでもセックスをすることができるということだ。場合によっては獣姦《じゅうかん》すら知られているので、ヒトの性的嗜好がいかに幅広いかがわかる。こうした幅広い性的嗜好によって、人種や種族の違いを乗り越えて生殖することで、種の壁が低くなっていったのだ。

第2に、ヒトは移動能力が高いことだ。グレート・ジャーニーは、基本的には歩いて各地にたどり着いたわけだが、場合によっては船で太平洋上の孤島に渡るなどして地球上の隅々まで進出した。こうした旺盛な移動能力は、多くの人種・種族間の混血も生み出した。どんな地域に住んでいる住民とも生殖し、子孫を残してきた。

第3に、ヒトになるにしたがって野生動物で見られる特定の生殖時期というのがなくなったことだ。野生動物では、生まれた子どもの食料が豊富な時期に出産するように、1年の特定の季節に生殖時期を迎える。温帯に住む動物の多くは、春になって植物が芽生え、それを食べる昆虫が豊富になる時期に子どもができるように進化した。しかし、ヒトの場合は大きな脳を発達させ、両手を使用し、道具を工夫していつでも食料を確保できるようになったので、特定の時期に子どもを産まなくても育てられるようになってきた。その結果通年発情となり、いつでも子どもを作ることができるようになった。

こうした特徴のおかげでヒトは生殖隔離が少ない。生殖隔離というのはあとで述べるが、生物の種が分化するひとつの方法だ。生殖隔離の程度が少なければ、生物の種が多少違っていても乗り越えてしまい、種分化はなくなる。それがヒトには新しい種ができずに、一属一種になった理由だ。

ここで生殖隔離という問題を考えてみよう。

■生殖隔離で新種ができる

生物の種は、「お互いに交配して、生殖能力のある子孫ができる集団」と定義できるが、これを言い換えれば、種が違えばお互いに交配しても子孫ができないということだ。これを専門的には「生殖隔離」という。隔離という言葉は、たとえば伝染病の隔離病棟というように使われているのでわかりやすい。つまり、生殖ができないように区別されているということだ。

その生殖隔離は、地理的隔離と生理的隔離に分けることができる。

たとえば、ひとつの生物集団が住んでいる地域が、大きな山や川で分断されたとする。移動があまり得意でない生物にとっては、大きな山や川で分断されたら、もう行き来はできなくなり、双方に分断された集団は時間とともに、次第に違う種類になっていく。つまり地理的に生殖が隔離されたら新しい種ができる可能性がある。

もう一方の生理的隔離は、同じ場所に住んでいても生殖できない仕組みで、さらに2つに分けられる。少し難しい漢字ばかりの言葉だが、接合前隔離機構と接合後隔離機構という。

接合前隔離というのは、配偶子（精子や卵子）が接合する前に隔離されている仕組みだ。もっとわかりやすく言えば、オスとメスが生殖しようとしても、その交尾を含めた生殖自体がうまくいかないということだ。昆虫などでは非常によく似た種同士でも、たとえば鳴き方が違う、匂いが違う、光りかたがちょっと違うなどの仕組みで、別種同士の生殖がうまくいかない。

さらに交尾が成功し、配偶子の接合がうまくいった後でも隔離が起こりえる。それらをまとめて接合後隔離という。ウマとロバの雑種がわかりやすい例だ。ロバのオスとウマのメスが交尾をして、卵子と精子が合体し、その受精卵がきちんと発生して子どもはできる。ラバという子どもができるが、その子どもは不妊なのだ。近縁種の場合はこうして無理やり雑種を作ることができるが、多くは不妊で次世代ができず、結局生殖的に隔離されてしまう。ほかにも、たとえばライオンとヒョウの掛け合わせで生まれるレオポンなども、結局は子どもが不妊になる接合後隔離の例で、ライオンとヒョウはいつまでも別種だ。

ヒトの場合は、大陸や大きな川、山脈などで仕切られ、地理的隔離があったとしても、それを乗り越え自由に行き来したこと、さらに旺盛な性欲と幅広い性的嗜好でどんな種族・人種の枠をも乗り越えて通年生殖を行い、混血を繰り返してきた。その結果、全部まざりあってしまい、一属一種になったと考えられる。

■その土地の風土に適応した人類

世界中に分布するヒトは、黒人、白人、アジア人など見かけ上はいろいろな違いがあるが、根本がひとつで全員ホモ・サピエンスだから、生物学的には完全な一種でみんな同じ人間だ。人類が分散するにしたがってその土地の環境に応じた形質がいろいろと選ばれていった。

たとえば、ヨーロッパで北に行けば行くほど肌の色が白くなり、身体も大型になっていくのは明らかに気候風土への適応だ。身体が大きくなるのは寒さへの適応だ。哺乳類では同じグループでも北へ行くほど大型になることは経験的に知られていて「ベルグマンの法則」という。たとえば、ニホンジカとエゾシカを比べてみると明らかにエゾシカの方が大きい。クマにしてもその通りで、本州以南に住むツキノワグマと北海道のヒグマでは、ヒグマの方が圧倒的に大きい。

それは体温を保持するための仕組みで、体重当たりの表面積を小さくする工夫だ。体温は体の表面から奪われるから、寒いところでは体積当たりの表面積を少なくした方が有利だ。体積は直径の３乗で大きくなるのに対して、表面積は直径の２乗でしか大きくならないので、体を大きくした方が寒さ対策としては有利なのだ。人種で言えば、スウェーデン人、オランダ人やドイツ人の大きさなどについては言うまでもないことだろう。彼らは寒冷地に適応して大型化した。ヒフの色も環境適応の結果だ。北方へ進出した人たちは体色がどんどん白くなっていった。太陽光線を少しでも吸収して、ビタミンDを作るためだ。ヒフの色が一番濃い（つまり黒い）人たちは赤道直下に住んでいるアフリカ系の人たちだ。それは強い太陽光線の影響を少しでも避けるためにヒフにメラニン色素をたくさん貯めるよう進化してきた。

しかし、同じ赤道直下に住んでいても、南アメリカの人たち、たとえばエクアドルやコロンビアの人はそれほど色が濃くない。それは、彼らがこの地にやってきてからの時間によると思われる。人類がグレート・ジャーニーによって、ベーリング海峡を越え、北アメリカ大陸を南下し、パナマ陸橋を渡って南アメリカに達したのが約1万5000年前だ。赤道直下の厳しい太陽のもとで暮らし始めて1万5000年程度では、十分に黒くなるには時間が足りないのだろう。同じように、北米アラスカに住むイヌイットの人たちは、寒冷地に住む割には体が大型化していない。やはり、寒冷地に適応して大型化するにはまだ時間が足りないということだ。

このように人類は、それぞれの地域で、その気候風土にあった体つき、肌の色などを進化させていろいろな人種に分かれていったのだ。

■西アフリカの黒人と東アフリカの黒人

同じアフリカの黒人と言っても、西アフリカの黒人と東アフリカの黒人とではかなり違う遺伝子をもっている。それは、走る能力の違いとなって表れている。オリンピックや世界陸上選手権大会などを見るとはっきりするが、マラソンや1万メートル走、５０００メートル走など長距離走で活躍するのは、ケニアやエチオピアなどの東アフリカの選手だ。セネガル、ナイジェリアなどの西アフリカ出身の選手が活躍することはあまりないだろう。

逆に、１００メートルや２００メートル走などの短距離走では、カリブ海に浮かぶジャマイカ、キューバ、ハイチ、そして北米アメリカの黒人選手が圧倒的な強さを発揮する。エチオピアやケニアの選手は活躍することはあまりない。

北米の黒人の多くは、もともと奴隷貿易によって西アフリカからむりやり連れてこられた人たちの末裔だから、彼らは西アフリカの出身と言ってもよいだろう。つまり、短距離走は西アフリカ勢が圧倒的に強く、長距離走は東アフリカ勢が強いのだ。

このようにさまざまな人種や地域集団で性質が違うのは、その地域に適応した遺伝子が選択されてきたためだと考えられる。東アフリカでは、広いサバンナを駆け回って狩猟をする生活のために長距離を走る遺伝子が有利だったのだろう。それに対して、西アフリカでは見通しの悪い熱帯雨林という密林の中での生活だから、長距離を走る能力よりも瞬発力で狩猟をする能力が選ばれていったのだろう。詳しくは拙著『黒人はなぜ足が速いのか』（新潮選書、２０１０年）を読んでほしい。

そのほかに東北アジア（中国、韓国、日本など）の選手は卓球やバドミントンなどの手を使う球技が得意、中東ではレスリング、投擲《とうてき》などの力技が得意、などという一般的な傾向があるが、こうしたことも地域による特性だろうと思っている。

■民族は定義できるが、人種の定義は難しい

こうした人種と民族についてはさまざまな議論があるところだ。人間集団を分けるにはいろいろな方法がある。国という単位で見れば国民という分け方、日本国民とか中国国民、アメリカ合衆国国民というやり方があるが、ここでは人種と民族という問題を考える。

生物学的には人種などは存在しないという立場もある。繰り返し述べているように、地球上に生息する現生人はホモ・サピエンスの一属一種だから、その中に人種などは厳密には存在しない、その種の中で皮膚の色、顔だち、さまざまな体つきや大きさでいろいろなタイプの人はいるけれども、すべて連続していて人種を定義することはできない、という意見だ。

この考え方は、人種差別の激しかったアメリカで主流になっている。もちろん人種差別はもってのほかで、皮膚の色の違い、黒いか白いかで差別をするのは言語道断だが、個人的には、人種を考えることと人種差別は違うものだと思っている。

すべて連続しているとはいえ、それぞれの地域の環境に応じて特定の形質が選ばれていったわけだから、ある意味での人種はあると言っていいだろう。生物学的には大きくコーカソイド（白人種）、モンゴロイド（黄色人種）、ネグロイド（黒人種）、オーストラロイド（オーストラリア人種）の4大人種に分けるのが普通だ。

将来的には人間の地球上での交流はますます激しくなっていき、混血がどんどん進行して、すべて地球人として均一になるかもしれないが、現在ではやはり人種はあると認めたほうが事実に即していると思う。

もう一方の民族は、人種とは違って生物学的な分類ではない。住んでいる地域、言語、宗教、文化の違いによって歴史的に形成された人間集団のことで、多くの民族が世界中に広がっている。民族によっては国をもたない民族もいて、歴史的に作られた問題は大変複雑だ。国を持たない民族としてはクルド人、ユダヤ人などがすぐに思い浮かぶ。ユダヤ人は戦後大きな犠牲を払いながら悲願の独立国イスラエルを建国したが、３０００万人を擁するクルド人はまだ独立国家を持っていない。民族をめぐってはさまざまな問題があるが、ここでは人種と民族という概念は少し違うということにとどめておく。

第4章　日本人はどこから来たのか

12万年前に始まった第2次出エジプトによるグレート・ジャーニーの波に乗った先祖が日本列島へ渡ってきたのは約4万年前のことだ。ところが、最初の人類がいつ日本に渡来したかはあまりはっきりとはしない。一番の理由は、日本の土は酸性度が強く、化石が残りにくいからだ。

現在の日本には、圧倒的多数の本州日本人（いわゆる和人）、北海道を中心に2万5000人くらいのアイヌ系の人々、南西諸島を中心に120万人ともいう人々（いわゆる琉球人）の3つの集団が住んでいる。もちろんそれ以外にも朝鮮半島の人たちもいる。

日本の古代は大きく旧石器時代、縄文時代、弥生時代、そして古墳時代に分けられる。この縄文時代と弥生時代という区分は、出土する土器の形式による分類だ。縄文土器を使用していた人たちを縄文人、弥生式土器を使用していた人たちを弥生人と呼ぶわけだ。

しかし、北海道には弥生時代、古墳時代という歴史区分が適用できない。寒冷な北海道には米作を中心とする農耕文化が入り込めなかったからだ。この章では、日本人がどのように形成されたかを考えてみる。

■日本人の由来～縄文時代以前

世界史的に見れば、人類の歴史は旧石器時代（200万年前から1万年前）と新石器時代（1万年前以降）に区分するというのが一般的だ。自然の石を割りとった石器や、動物からとった骨角器を使っていた時期を旧石器時代、石器を磨いて使い勝手のよい道具にし、さらに土器を作り出したのを新石器時代と言う。第3章で紹介した北京原人は火を使用し、石をそのまま道具として使用していたから典型的な旧石器人だ。

しかし、日本では新石器時代を縄文時代（紀元前1万6500年から紀元前300年）とするのが普通だ。縄文時代以前にも人類が日本列島に住んでいたのは間違いない。国立科学博物館の篠田謙一人類研究部長らの最近のDNA解析によれば、日本列島には①シベリアから北海道、②朝鮮半島から北九州、③琉球列島、の3つのルートで旧石器人がやってきたという。3万年前の地球環境は非常に寒冷でいわゆる氷河期だ。海面は低下し北の海は氷結したので、グレート・ジャーニーの波に乗って旧石器人が歩いて北海道にやってきたようだ。南方からは港川人《みなとがわじん》と呼ばれる旧石器人が島伝いにやってきた。さらに、朝鮮半島由来の旧石器人も混じり合って初期の縄文人が形成されたらしい。

旧石器人は、よく知られるようにマンモスやナウマンゾウなどの大型の哺乳類を追って、移動しながらの生活だった。その生活は、原則として手に入れた食物をその場で消費してしまう「手から口へ」の生活で、いわばその日暮らしと言ってもよいものだった。

それに対して縄文人は、定住して食物を貯蔵し、食物の少ない冬に備える知恵を身につけていたようだ。旧石器人はいつも食物を求めて遊動生活を送っていたが、食物を貯蔵するようになった縄文人は、がっしりとした竪穴《たてあな》住居を作って、定住生活を営むようになった。だから縄文人は、従来の「狩猟採集民」という枠内に入りきらない文化人だったということができる。

■縄文人は世界有数の文化人

縄文人は、先行する旧石器人に比べて一段と高い文化を発達させた。

野性的で、エネルギーにあふれんばかりの縄文式土器は日本各地から出土している。それに対して、少し洗練されたというか上品な感じがするのが弥生式土器だ。こうした土器が出土する年代を調べてみると、その時代がどの程度続いたかがわかる。縄文時代は紀元前１万６５００年～紀元前３００年、弥生時代は紀元前３００年から紀元２５０年くらいだ。縄文時代が圧倒的に長く、１万５０００年以上続いたのに対して、弥生時代はわずか６００年程度だ。

縄文時代の区分についてはいろいろ説があるが、１万５０００年以上にわたって非常に安定したひとつの文化が続いたことになる。定住の様子は、何メートルにも積み上がった貝塚からも知ることができる。縄文時代の貝塚は日本国中にあるから、それを見れば同じ生活を営々と繰り返した縄文人の膨大な歴史を実感することができる。

定住の結果、重い土器も製作し使用できるようになった。食物の貯蔵、定住生活、土器の使用の3つが縄文人の大きな特徴だ。おかげで縄文人は世界の狩猟採集民の中では例外的とも言えるほどの人口増を達成した。人口密度は1平方キロあたりでひとりを超すと言う。食べ物を天然のものだけに頼る狩猟採集民にすれば非常な過密人口だった。それを支えるだけの文化と工夫があったのだ。

それを支えたのが、東北・北海道ではドングリとサケという2大保存食だ。秋に村人が総出で集めたドングリとサケは、冬を越すための不可欠の食物だった。ただし、ドングリはあく抜きしなければ食べることはできない。大型の地下貯蔵庫にためておき、水槽であく抜きする装置も残されている。それに対して、クリはあく抜きなしで食べられる味も最高の木の実だ。大切に手入れをして、計画的に管理して増収を図っていった。縄文時代も進むにしたがってクリの粒が大きくなっている。

安定し自信に満ちた生活の中で、人々が物を作りたいという創作意欲を粘土にぶつけることにより、エネルギーに満ちあふれた縄文土器が生み出された。火焔《かえん》模様と縄文を付けた土器は芸術性を秘めた力強さをもっている。新潟の火焔土器、長野の曽利《そり》式土器、群馬の焼町《やけまち》土器など、原始芸術の傑作と言われる土器群が出土している。こうした土器は、日本独自のものとして世界に誇れる最初の芸術作品だ。実用として使用するにはこれほどの装飾はいらないはずだが、製作者は自分のもつ最高の技術を集中して粘土をこね、焼いたと思われる。

獲物を追って移動生活をする狩猟採集段階の生活では、本格的な分業は出現しない。狩りの道具も採集に使用する道具も、自分で作っていたことだろう。しかし、定住を始めた縄文時代になると、土器を作る専門の人が現れた。狩猟採集は他の人に任せて、もっぱら道具作りにうちこむ人たちができてきた。いわゆる職能集団だ。こうした職能集団は、社会が安定し、食料も豊富で自由に交換できるシステムがないと出現しない。世界史的に見れば新石器時代に相当する。縄文時代はそうした時代だったようだ。

このような縄文土器を焼いた彼らの技術の高さときわめて精神性の高い内面性を証明する傑作が掘り出された。１９７５年、北海道・南茅部町《みなみかやべちょう》（現・函館市）の畑から偶然、縄文時代の土偶が発掘された。２００７年に国宝に指定された優れものだ。北海道は日本人の歴史が古くないので国宝級の芸術品は少ないが、中空土偶《ちゅうくうどぐう》は国宝に指定された北海道で唯一のものだ。

■環状列石と土版・土偶

本格的な農業を行わずに豊かな狩猟採集生活を送っていた縄文人は、世界的にみても特異な存在だ。たとえば、世界4大文明のひとつであるエジプト文明は、農業のために測量をやり、土木工事を行い天文学を始めたが、縄文人は本格的な農業を行わなかったにもかかわらず、エジプト文明とほぼ同時代に青森県の三内丸山遺跡（紀元前３５００年～紀元前２０００年）に見られるような大規模な建造物を造った。驚くべき技術力だ。さらに縄文人は東西南北の方位を知り、太陽の沈む方角を意識し、季節の変わり目を認識していたようだ。

その証拠が秋田県鹿角《かづの》市の大湯環状列石《おおゆかんじょうれっせき》で見つかった。大湯環状列石は縄文後期、紀元前2000年~1500年の遺跡だが、直径45メートルの非常に大きな環状列石だ。その中には、日時計状に組まれた組石があり、その礎石は正確に東西南北を向いている。さらに、日時計中心部から、環状列石中心部を見た方向が夏至の太陽が沈む方向になっていることがわかっている。

環状列石は何のために作られたのか。集団葬の場所、祭りや呪術的な集まりの中枢、天文台などいろいろ仮説はあるが、いずれにせよ、かなりの労働力をかけて作られた非常に精神性の高い装置に違いない。こうした遺跡が発掘されたので、縄文人が季節、つまり日本の春夏秋冬という四季を意識した生活をしていたのは間違いない。この移りゆく四季を意識した縄文人の長期間にわたる生活が、後で述べる日本人の精神的な特徴を生んだと思っている。

もっとも興味深い出土品は、土版《どばん》と呼ばれる小さな焼き物だ。さまざまな種類の土版が出土している。たとえば、幼児の足形を刻印したものや、用途不明ながら何かしらの呪術に用いられたのではないかと思われるさまざまな意匠を施したものが多い。中でも最近注目を集めているのは、小さな長方形の土版の表面に、中央上段に比較的大きな穴を1個、その上方に2個、左側に3個、右側に4個、そして中央下段に5個の小さい穴を縦1列に彫り、裏面には、3個プラス3個計6個の穴を彫ったものだ。この土版は後期の縄文人が数の概念を持っていたことを示唆している。少なくとも、1から6までの数量を理解し、場合によっては1ケタの足し算までできたと思われる。

世界史的に見れば、天文学や数学、工学は農業の発祥と関係づけられて考えられてきたが、非農業の文化圏である縄文時代にも、こうした科学の萌芽《ほうが》が認められるのは注目に値する。縄文時代が世界に冠する有数の文化圏だったことを改めて証明している。

■縄文時代、戦争はなかった

「ヒトはなぜ争うのか」を考える上で、戦争や殺し合いの歴史が避けられない。どんな社会にもいさかいがあり、食糧や縄張り・領土をめぐって争いがあるので、ヒトにはそうした行動を引き起こす衝動や傾向があるのは間違いない。後の第7章で述べるように、ヒトの歴史を見る限り戦争がつきものだ。世界的には、狩猟採集時代の後期に住民の定住が始まると、戦争が起こる。

しかし、日本の縄文時代は長期に定住生活をしていたにもかかわらず、非常に安定した平和な時間を送った特殊な時代だったと言われている。もちろん、集団間の争いはあり、小さな紛争や殺し合いはあったようだが、後の時代に見られるような、大規模な殺戮《さつりく》の痕跡は残っていない。

縄文時代は、気候が比較的安定し温暖な時期が続いたこともあるし、日本が島国で、他の民族集団との紛争・抗争が起きにくかったという条件もあるだろう。しかし、同じような事情を抱えた地域や民族はたくさんあったはずだが、他の地域や民族では殺戮が繰り返されている。1万5000年の長きにわたって、本格的な戦争がなかった時代と地域は、世界的に見てこの縄文時代を除いてけっして見られない。古代日本が世界に誇るべき伝統と言ってもよい。

第8章で人類と地球の将来に向けて「持続的発展」の可能性について述べるが、縄文時代は、1万5000年の長きにわたって、自然と協調し、自然に負荷をかけず、高度な文化を持続的に維持・発展させた世界的にもまれな時代だった。これほど長期にひとつの文化を維持した時代と地域はないのだ。

現在、北海道東北縄文文化遺跡を世界文化遺産に登録する運動が広がっている。「北海道・北東北を中心とした縄文遺跡群」は、18カ所の遺跡（北海道6、青森県9、岩手県1、秋田県2）で構成されている。噴火湾を中心とした道南と、津軽海峡をはさむ北東北にあるこれらの縄文遺跡から、このエリア全体がひとつの文化圏だったことや、津軽海峡を「海の道」として人々が交流していたことなどがわかっており、貴重な文化遺産となっている。残念ながらまだ世界遺産には登録されていないが、日本には1万年以上にわたって戦争のなかった平和で安定した時代があったことを含めて、ぜひとも世界的に広める価値があると思う。

しかし、この縄文時代も末期を迎える。人口も減り、次第に勢いがなくなっていく。気候変動が主な理由だ。そのような衰退期に、多分、朝鮮半島を経由して移動してきた弥生人が入ってきた。弥生人は少し大型の人たちで、米作を中心とする農業を行い、国を形成していった集団と考えられている。

■縄文人の楽園に弥生人が流入した

縄文時代は紀元前1万年前、弥生時代は紀元前後で、両者の時期は大きく違っているので、異なった人たちだったと考えられる。

２つの祖先型日本人である縄文人と弥生人の関係についてはいろいろ議論があった。大きく分けて①置換説、②混血説、そして③変形説という３つの説にまとめられる。

置換説は、明治時代にやってきたお雇いの外国人教師らによってとなえられたもので、先住の縄文人が後発の弥生人の農業や鉄器使用などの先進技術によって駆逐された、という考えだ。

混血説は、縄文人と弥生人は、文字通りどんどん混血してその差は次第になくなっていった、という考えだ。

変形説は、縄文人が長い日本の生活に適応して、その環境にあった形質に変化していき、最終的に弥生人になった、というものだ。

それぞれ証拠があるが、３番目の変形説はあまり説得力がないようだ。縄文人と弥生人の形質がはっきりと違っているので、縄文人が次第に変化して、つまり環境に適応することで変化し、弥生人になったとは考えにくい。

今では置換説と混血説を合わせた仕組みで日本人が生じたのではないか、と考えるのが普通だ。日本のほぼ全域に分布していた縄文人社会に大陸系の弥生人が渡来してきて、農業を大がかりにはじめ、次第に混血をするとともに、基本的に狩猟採集漁労民であった縄文人の森を奪っていったと考えられる。北九州を中心とする西日本、近畿、関東には農耕民族としての弥生系の人たちが多くなり、狩猟・漁労・採集を中心とする純粋の縄文人は次第に辺境へと追いやられた結果、北方には縄文の形質を多く残したアイヌ系の人たちが、南方には琉球系の人たちが形成されていったのではないかという考えだ。

頭蓋骨を調べると、典型的な縄文人と弥生人の違いがよくわかる。縄文人は少し彫りの深い顔つきをしていて、弥生人は面長で頭の形が少し丸いのが特徴だ。このような特徴をもった骨とそれにふさわしい生活様式が、時代とともにどう変化してきたかを調べることができる。

縄文時代、弥生時代、古墳時代、そして現代という4つの時代に住んでいた人の骨格を調べてみると、一番古い縄文時代には、日本全土に彫りの深い縄文人の形質をもった人たちが住んでいた。弥生の初期つまり紀元前300年くらいには、九州北部に弥生人の形質をもった人たちが入り込んでくる。時代とともにその形質をもったヒトがどんどん広がっていって、古墳時代つまり紀元300年以降になると西日本を中心に拡大していく。その後関東・東北を中心に混血がすすみ、現代では、アイヌの人たちと琉球の人たちに縄文の形質を濃く残した人たちが残ってきた、というのが常識的な考えだろうと思う。

縄文人の世界に大陸系の弥生人が入り込み、本格的な稲作農業とともに弥生文化が持ち込まれ、混血をしながら勢力を拡大していったという様子は、ヒトの骨や遺伝子の研究からだけではなく、持ち込まれたイヌの研究からも支持されている。

■渡来系のイヌと在来のイヌ

イヌを調べることで、日本人の由来を調べることができる。

たとえば、北海道では北海道犬（いわゆるアイヌ犬）、秋田県には秋田犬、山梨県には甲斐犬《かいいぬ》、和歌山には紀州犬《きしゅうけん》、四国には土佐犬《とさいぬ》、沖縄には琉球犬《りゅうきゅうけん》など、非常に多くの犬種が保存され飼育されてきた。こうした日本のイヌと朝鮮半島のイヌとの遺伝的な距離を比較すれば、こうしたイヌがどこからやってきたかを知ることができる。朝鮮半島のイヌの代表として、珍島犬《チンドけん》と呼ばれる韓国の在来種との比較だ。

血液のヘモグロビンのアミノ酸配列を調べる研究では、本州や九州・四国の日本犬は、朝鮮半島に住むイヌと共通点を持っているが、北海道犬、琉球犬とはほとんど共通点を持っていないことがわかった。

別のタンパク質の遺伝子の研究でも結果はほとんど同じで、韓国のイヌと本州・九州・四国の日本犬とは共通点があるが、北海道犬、琉球犬とはかなり違っている。北海道犬や琉球犬は、朝鮮系のイヌとはまったく違うというわけだ。

つまり、大昔の縄文人が飼っていたイヌの形質が、北海道と沖縄地方に色濃く残り、本州には朝鮮半島由来のイヌが持ち込まれた、ということになろうか。こうしたイヌの研究からも、縄文人が朝鮮半島から渡来した弥生人によって、次第に辺境に押しやられていったことが推測されるのだ。

さらにもう一言加えれば、縄文人と弥生人のイヌに対する考え方、付き合い方がかなり違っていることもわかっている。縄文人はイヌを埋葬していることが多く、ひとまとまりの骨として1個体ずつきれいに埋葬されて出土することが多い。しかし、弥生遺跡から発掘されるイヌは非常に少なく、出土しても骨がばらばらに出土し、頭蓋骨も壊れて出てくることが多い。つまり、弥生人はイヌを食べていたのだろうと推定されている。今でも、中国や韓国ではイヌを食べる習慣が残っているが、その風習が弥生人に色濃くあった。これも弥生人が大陸・朝鮮半島由来の証拠だと言われている。歴史的にみると、縄文人は狩りの仲間としてイヌを非常に大事にしてきた。しかし、農業を主体とする弥生人にとってはイヌの重要性は低く、昔の中国人と同じようにイヌを食べていたらしい。しかも「赤犬がおいしい」というような表現があるから、それを裏付けているものと思う。

■縄文人、蝦夷、アイヌ人は連続しないようだ

ほぼ日本全土に住んでいた縄文人の文化の中に、朝鮮半島を通じて弥生人の流入があったので、縄文文化は南北に分断された。北には蝦夷《えみし》と呼ばれる人たちが、南には琉球の人たちが追いやられた。その結果、日本には複雑な人間社会が生まれた。

日本の歴史は中央政権の手で作られているから、古墳時代以降の時代区分は、政権の順序から言うと、奈良、平安、鎌倉、室町、戦国、江戸、明治〜現代となる。

しかし、沖縄を中心とする南西諸島と北海道とその周辺の時代区分は、そうした中央政権の時代区分とは対応しない（図5）。特に、北海道は気候風土の違いから、農耕を中心とした文化圏に入らず、独特の文化を発達させ風習もまったく違うものだ。一番大きな違いは統一国家を作らなかった点だ。

図5　北海道と琉球の時代区分

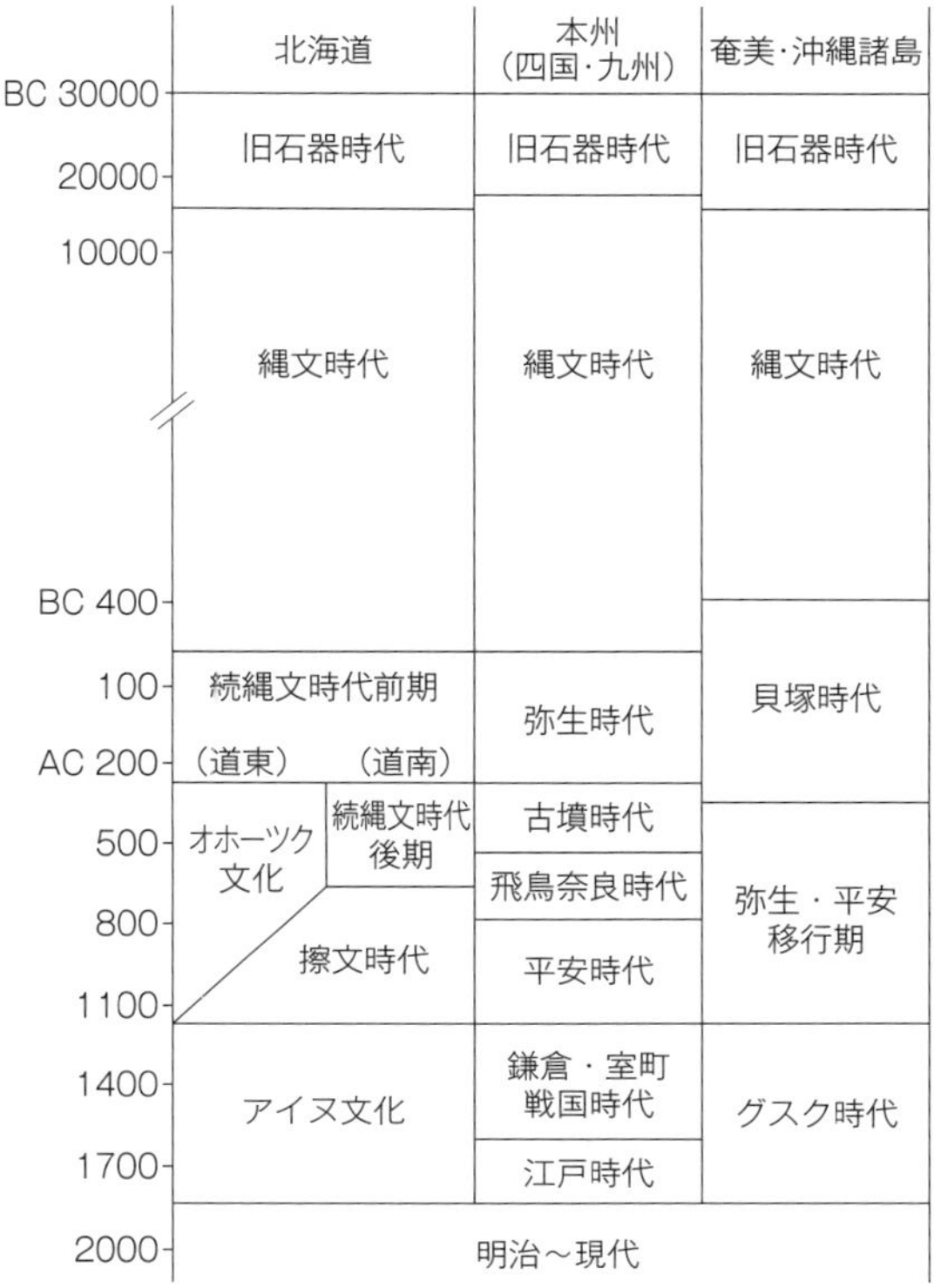

北海道と沖縄諸島の時代区分は、本州の時代区分とは異なっている。『アイヌ学入門』（講談社現代新書、瀬川拓郎著）、『あなたの知らない北海道の歴史』（洋泉社、山本博文著）などを参考に制作。

北海道の歴史区分は、大きく分けて縄文時代、続縄文時代（紀元前1世紀～6世紀）、擦文《さつもん》時代（7世紀～13世紀）、アイヌ時代（14世紀以降）とするのが普通だ。この続縄文時代と擦文時代を担った人たちがどういう人たちであったか、よくわかっていない。擦文時代とは、本州の古墳時代（3世紀末から7世紀）に作られた土師器《はじき》が北海道にも流通し、その土器の表面を竹べらで擦《こす》った模様がついたことからつけられた名前だ。

さらに、6世紀から10世紀にかけて北海道のオホーツク沿岸には、アイヌ人とは違うオホーツク人と呼ばれる漁労・採集を中心とする人たちが住んでいた。オホーツク人はモヨロ貝塚（網走市）に見られる大きな遺跡を残しているが、10世紀末には突然いなくなった。だから、北海道の歴史は結構複雑なのだ。

特にアイヌの人たちの出自は難しい。北方系の少数民族として知られるギリヤーク（ニブフ）、ウィルタなど多くの民族・種族があるが、北海道に土着していたアイヌの出自はあまりはっきりしていない。昔は、アイヌはコーカソイド（白人）系ではないかという説もあったが、新しい遺伝子解析などの結果は、アイヌもアジア人であり、縄文人の血が濃く残っていると考えられている。しかし、アイヌ人は単純な縄文人の子孫ではなく、オホーツク人などの新モンゴロイド系北方民族と混血して、複雑な過程を経て誕生したらしい。擦文時代（7世紀～13世紀）を経て、アイヌ人としての共通の言語、文化、風習を共有する民族集団が形成されたのだろう。

■「まつろわぬ人々」の系譜

日本では4世紀ごろには古代国家が成立し、その後律令制度が確立し、中央の権力が辺境まで及んでいったが、日本列島の北東部と南西部には中央の権力が及ばない部分が残った。その代表が、北方に追いやられた「まつろわぬ人々」と呼ばれる民衆の系統だ。「まつろわぬ」とは、もともと政治的・文化的に中央の朝廷に従わない、という意味だ。大和朝廷の権力に伏さず、東北地方独自の文化を守ってきた人たちをさす言葉だ。

歴史的にみた「まつろわぬ人々」の代表は、8世紀から9世紀にかけて、今の東北地方への版図拡大を狙う大和朝廷の侵略と戦った阿弖流為《アテルイ》が有名だ。朝廷は版図拡大に抵抗する「まつろわぬ人々」の武力平定を目指した。桓武《かんむ》天皇がその任をまかせたのが坂上田村麻呂《さかのうえのたむらまろ》で、彼には「征夷大将軍」という称号が与えられた。後々に江戸幕府の将軍職の名前にまでなったものだ。

この「夷」は、もともと中国で東夷《とうい》、西戎《せいじゆう》、南蛮《なんばん》、北狄《ほくてき》というように、中原《ちゆうげん》から見て東西南北の辺境に住む「蛮族《ばんぞく》」に使われた言葉だから、中央権力から見れば野蛮な民衆という意味だ。当時の東北地方にはこれまで説明したように、もともと土着していた縄文人の血を濃く残した住民が住んでいた。

理不尽な侵略と土地の収奪に反旗を翻した阿弖流為の乱（789年～802年）は、中央政権の圧倒的な武力と謀略で滅ぼされた。現在でも人気を集めているねぶた祭り（青森市）とねぷた祭り

（弘前市）、立佞武多《たちねぶた》（五所川原市）は、坂上田村麻呂が「まつろわぬ人々」を驚かせたり、戦場で敵を油断させおびき寄せるために作った大行灯が始まりと言われている。

大和政権は本州北部への進出を強め、植民をし続けた。まず前進基地としての城柵《じょうさく》を作り、その周りに農民を連れて行って植民し、支配地域を広めていった。有名な城柵としては、宮城県の多賀城《たがじょう》、岩手県の胆沢城《いさわ》、秋田県の能代城《のしろ》などがあり、次から次へと北上していったことがわかる。

その過程で、もともと地方に住んでいながら大和政権に伏してその地の支配権を維持する勢力も出来てくる。それを「俘囚《ふしゅう》」と呼び、その長が俘囚長だ。俘囚とはあまり聞きなれない言葉だが、辺境にあった人たちをさす言葉だ。その長である俘囚長は、地方で勢力を誇っている豪族が朝廷の権力に伏して、その場の支配権を認められた状態をさす言葉だ。

奥州一帯に勢力・覇権を誇り、中央政権に伏しながら俘囚長として覇を争った安倍貞任《あべのさだとう》の一族や、その後絢爛《けんらん》たる平泉文化を作り上げた藤原三代（藤原清衡《きよひら》・基衡《もとひら》・秀衡《ひでひら》）も「まつろわぬ人々」の系譜に属する集団だろう。東北にはこうした集団が多く存在し、次第に混じり合って、「より合わさって」日本人ができてきたのだ。

さらに、西南諸島、主に沖縄には独特の言語と文化をもった琉球人が残っている。こうした人々の存在は、日本人の成立を考えるときに忘れてはいけない人たちだ。

■アイヌ民族をどう考えるか

２０１４年夏に、ある札幌市議会議員が「もうアイヌ民族などはいない」と短文投稿サイトの「ツイッター」に書き込み大きな問題となった。さらに、それに引き続きある北海道議会議員は、議会の席で「アイヌが先住民族かどうかには非常に疑念がある」、「我々の祖先は無謀なことをアイヌの人にやってきてはいない。自虐的な歴史を植え付けるのはいかがなものか」とも述べた。こうした発言はまさに歴史を知らない暴論だ。

江戸時代以前から北海道を中心に豊かな民族文化を築き上げ、風土に密着した生活を送ってきたアイヌの人たちが住んでいたのは事実だ。北海道では室町時代にコシャマインの戦い（１４５７年）、江戸時代に入ってもシャクシャインの戦い（１６６９年）、クナシリ・メナシの戦い（寛政蝦夷蜂起、１７８９年）などの大きな武装蜂起が起こっている。本州との交流が盛んになった江戸時代以降は、和人によるアイヌの収奪がさまざまな場所で起こった。

国連の「先住民族の権利に関する国際連合宣言」に後押しされて、２００８年にようやく「アイヌ民族を先住民族とすることを求める決議」が国会で満場一致で採択されたにもかかわらず、国内にはまだまだアイヌ民族に対する無知と偏見・差別が残っている。

その背景には明治政府が行った同和政策の強行、日本人への強制的な取り込みをしたことがある。その時（１８９９年、明治32年）に作られた「北海道旧土人保護法」という法律は長い間アイヌの人たちの人権を無視した一方的なものだった。

その内容は、

①アイヌの土地の没収
②収入源である漁業と狩猟の禁止
③アイヌ固有の習慣・風俗の禁止
④日本語の使用の義務
⑤日本風氏名への改名による戸籍への編入

というもので、アイヌの財産を収奪し、「文化帝国主義」ともいうべき同化政策を推進するためのものだった。戦前の軍国主義日本が朝鮮半島や台湾などで行った植民地政策とよく似ている。この法律は、アイヌの人たちの長年の運動で、1997年に「アイヌ文化振興法」の施行に伴いようやく廃止された。

江戸幕府と松前藩、そして明治以降の中央政権が、先住民族としてのアイヌから土地を奪って生活を破壊し、資源を収奪した歴史から目を背けることはできない。先住民族としての権利と文化の保護にもっと力を注ぐべきだ。オーストラリアやニュージーランドの先住民族、北米の先住民族の成果を参考にして、彼らの民族としての誇りと文化を守り、その生活を保障する制度が必要だ。

この問題は、人骨の収集問題を含めてまだまだ解決すべき点は多い。戦前から戦中にかけて北大医学部を中心にアイヌの人たちの人骨を研究という名のもとに勝手に持ち去る、場合によっては墓まで暴いて人骨を持ち去り、研究した後は放置してしまい、遺族にも返さないということが起こった。今訴訟が行われているが、まだきちんとした解決が進んでいないのはとても残念なことだ。

日本国内に多様な人たちが共存していることを理解し、ともに生きていく世の中を作り出すことが何よりも大切だ。

■日本文化の由来〜縄文文化と弥生文化

日本人は農耕民族で、欧米の狩猟民族とは違う、米作文化と肉食文化とは相いれない、と言うが必ずしもそうは言い切れない。はたして日本人は農耕民族で、その文化は米作文化と言ってよいのだろうか。

日本文化の特徴は、「生寿司」に現れるというのが、哲学者の梅原猛さんの意見だ。彼は「下のシャリは米で弥生文化、上の生魚は縄文文化。縄文と弥生がくっついているのが日本文化なんや。おすしはその象徴やと思う」というのが口癖だったという（「世界遺産を目指して〜北海道・北東北の縄文遺跡群」阿部千春、「北海道新聞」２０１５年1月31日付）。

日本文化は、世界に冠する独特のもので、それが縄文文化の上に弥生文化が載っていると考えるのはわかりやすいたとえだ。関西は京都の宮廷文化と大阪の商人文化、関東は江戸の町民文化が基礎になっているが、日本全体を俯瞰《ふかん》すれば、長い狩猟・採集・漁労の縄文文化と、比較的短い米作の弥生文化の融合の上に成り立っていると言ってもよいだろう。

世界史的に見ると、農耕・牧畜が始まるのは約1万年前で、多くの民族、人種は農耕文化の上に成り立っていると言われているが、実は日本では、農耕の歴史は約2000年でそれほど長くない。前に述べたように、約1万年以上も安定して続いた狩猟・採集・漁労を中心とした縄文時代は非常に特殊な例で、世界的にも例を見ないものなのだ。

農耕は人間が自然を開拓することで食料を得るが、狩猟・採集・漁労は自然を失えば安定的に食料を得ることができない。「ヒトは自然に生かされている」という縄文時代からの考え方は、現代の日本人の自然観の底流に流れている（阿部千春、前掲記事）と言ってよいだろう。

いまさら、縄文時代に戻ることはできないが、自然と共生する生き方に心が惹《ひ》かれる人は多いだろう。北海道のアイヌの人たちの教えは、今でも大事な生き方を示しているように思う。最後に、アイヌの代表として国会議員となった萱野《かやの》茂《しげる》さんの言葉を引用しておく。

「肉が食べたくなったら山へ行く、魚を食べたくなったら川や海へ行く。しかし根こそぎは採りません。後からとる人のため、他の動物のため、来年のために、必要な分だけしかとらず、ちゃんと残しておくのです」。こうした教えは、地球の今後を考える上で大事な視点を提供していると思う。繰り返すが、日本の文化は1万年以上もの長い縄文文化の上に2000年程度の米作文化が積み重なったものだから、こうした縄文の自然観が日本人の遺伝子にも組み込まれていると考えることができる。

■日本人の生物学的な特徴1～虫の声を楽しむ

日本人の生物学的な特徴をあげるとすれば、まず虫の声の聴き方があげられる。日本人は昔から虫の声を楽しんできた。江戸時代にはスズムシ、マツムシなどが竹ひごで作られた虫籠《かご》に入れられて売られていた。こうした虫を入れた竹籠が浮き世絵の画題にもなっているので、その風習は庶民まで広まっていたのだろう。一方、欧米人は虫の鳴く声を楽しまず、単なる雑音として聴いていると言う。

人間の脳は、左右である程度の役割分担をしている。右脳は音楽脳と言われ、音楽や機械音・雑音を処理している。左脳は言語脳と言われ、人間の話す声の理解など、論理的・知的情報処理をしている。東京医科歯科大学の角田忠信氏によれば、日本人は言語を理解する左脳で虫の声を聴いていて、西洋人は右脳で聴いているという。だから、西洋人は虫の声を雑音として認識しているらしい。世界的には西洋人型が圧倒的に多く、中国人も韓国人も右脳で虫の声を聴いていると言う。

では、なぜ日本人だけが左脳で虫の声を聴くようになったのか、大変面白い問題だが、まだよくわかっていない。この現象を発見した角田忠信氏は、日本語と関係していると考えているようだが、それだけでは説明しきれないのではないかと思う。

長い縄文文化の自然に親しむ生活が、こうした日本人の脳に関係しているのではないだろうか。農耕に根を置く生活は、自然を積極的に開拓して切り開く文化を生み出す。ヨーロッパや中国大陸の文化はまさにそうした生活の中から生まれた。しかし、日本では1万年以上もの長きにわたり安定した狩猟・採集・漁労生活をしてきて、自然に密着し、自然と寄り添う生活をしてきたのだ。自然を人為的に開拓し、切り開く文化はわずか2000年しかない。

虫の声の聴き方に関して、内耳の構造や聴細胞の働きは民族では違いがない。やはり脳の違いなのだろう。それが文化というものだ。日本人は独特の文化を発達させ、その過程で、虫の声を左脳で聴くようになってきたのだろう。北米のネイティブ・アメリカンやオーストラリアのアボリジニも自然と共生する生活をしているから、彼らも虫の声を左脳で聴いているかもしれない。

民族、文化によって感覚が違うということは他の例でも知られている。たとえば、日本人は虹を見ると赤、橙、黄、緑、青、藍、紫の7色に見えるが、その見え方は民族で違っているようだ。ロシア人は5色、ヨーロッパでは6色に見えると言う。極端な場合、虹を2色に見る民族もあるそうだ。

虹は太陽光線をスペクトラムに分けたものだから、長波長（赤）から短波長（紫）まで連続している。だから、それぞれの色をどこで区切ってもよいのだ。日本人でも、特に波長の短いほうの青・藍・紫はほぼ連続して見える。

色の情報を最初に受け取るのは網膜の視細胞だが、民族で色覚に関する網膜の細胞に違いはない。網膜の視細胞には桿体《かんたい》と錐体《すいたい》という2種類がある。桿体という細胞は光の強さ、明るさを判定するのに対して、錐体が色覚を担っている。錐体には赤い波長、緑の波長、青の波長に反応する3

種類の細胞があって、その比率でさまざまな色が見えるのだが、その色覚を担う細胞の種類や機能に民族や人種による差はない。しかし、文化的な背景で虹の色がそのようにしか見えないのだ。

■日本人の特徴2～和をもって貴しとなす

生物進化はすべて環境との相互作用の結果だから、環境の影響を強くうける。日本はほぼ温帯域にあり、そうした穏やかな自然環境の下では、豊かな食料にめぐまれて穏やかな性格が残る。日本は島国だから、大陸にあって多くの国と国境を接している国々とは条件が少し異なる。島国でももちろん外からの遺伝子の流入はあるが、海で隔てられているので、遺伝子の流入、混血が少ないのだ。だから長い時間をかけて特徴的な遺伝子が残った。

自然環境の厳しい砂漠地帯、岩と砂漠のわずかな緑でヤギやヒツジを飼って生活している中近東では、厳しい戒律をもった一神教（ユダヤ教、キリスト教、イスラム教）が発生したように、自然環境と民族意識とは連動するようだ。厳しい自然環境の下での生活を余儀なくされている民族ははげしい性格にならざるを得ないし、穏やかな気候、豊かな自然環境の下で生活している民族は、比較的穏やかな性格になることだろう。「微笑みの国」と言われるタイなどはまさにその典型だろう。

特に、古代日本では縄文時代の１万年以上の長きにわたり本格的な戦争のなかった時期があった。ヨーロッパや中近東では、約１万年前から戦争が繰り返されてきたが、日本で本格的な戦争が繰り返されるのは、２０００年ほど前からだ。戦争の歴史がまったく違う。

なぜヒトは争うのか、なぜ戦争はなくならないのかについては第7章で詳しく述べるが、そこでは「戦争する遺伝子」や「争う遺伝子」を想定する。ただし、こうした戦争する遺伝子、争う遺伝子という表現はあくまでも比喩《ひゆ》的な意味だ。遺伝子そのものはDNAの塩基配列に組み込まれた遺伝情報で、その遺伝情報に基づいてタンパク質ができてくるだけだ。そのタンパク質が「戦争をする」わけでも「争う」わけでもない。集団間の争いを武力で解決する行動が生まれつきそなわっている、ということだ。

日本人は基本的には縄文後に弥生人の血が混ざり、さらに他の人種とより合わさってできたわけだから、縄文人の遺伝子が多く残っているはずだ。その縄文人の遺伝子には、本格的に「争う遺伝子」が少ないのだ。

聖徳太子の「十七条憲法」は、「一つに曰《いわ》く、和をもって貴しと為し、さかふる事なきを宗とせよ」から始まり、国と国民の決まりを定めたものだが、今の日本人にも快く受け入れられるものだろう。もともとは和語を漢字で表記したものだから「和（やわらぎ）」と読むそうだが、どう読もうと意味はあまり変わらない。争わない、心の平安を求めるということだ。心理学者で精神分析医の安岡譽《ほまれ》さん（札幌学院大学）によれば、この心が日本人の心性の特徴のひとつだという。飛鳥時代に現代的な民主主義と平和主義の概念があったとは思えないが、その原点と言ってもよいだろう。世界の中で日本人の遺伝子の特徴をあげるとすれば、「戦争をしない遺伝子」、「争わない遺伝子」が強く残っていると言っていいかもしれない。それが日本国憲法の第9条に結実していると個人的には思っている。

他方、こうした「和をもって貴しとなす」と言う感性は、日本人がものごとを最後まで突き詰めず、場合によってはなれ合いを生み、「なあなあ」で済ませる気質にも通じる。そのことがたとえば、戦後になってからの戦争責任の追及の甘さにつながっているのだ。旧ナチス・ドイツの非人道的な悪行を痛切に反省したドイツ国民は、戦後70年たった今でも旧ナチスの犯した戦争犯罪の追及をやめていない。2015年になっても旧ナチ協力者が告発されている。それに対して同じ枢軸国としてナチス・ドイツと同盟して世界を戦渦に巻き込んだ日本軍部の戦争責任は、東京裁判による一部の戦犯を告発・断罪しただけで、そのおおもとの責任の追及はあいまいのまま放置された。連合軍によって公職追放された多くのA級戦犯も、安倍晋三現首相の祖父・岸信介元総理大臣のようにいつの間にか復権し、国の中枢に居座って再び権力を握ってきたことにも関係している。

戦争をしない、争わないというのはひとつの文化だから、もちろん遺伝子だけでは決まらないが、文化は後に述べる「ミーム（文化遺伝子）」という生物の遺伝子に相当するもので次世代に伝わる。

■日本人の特徴3〜清潔と勤勉

日本人の特徴を一口で述べると、清潔、勤勉、温厚、器用さなどにまとめられる。

中世に日本にやってきた多くの外国人宣教師（フランシスコ・ザビエルやルイス・フロストなど）

が本国へ書き送った文書の中で、そうした日本人の特性が述べられている。毎日風呂に入って清潔にしている、どんな田舎《いなか》に行ってもゴミがかたづけられ、綺麗《きれい》につつましく生きている、民度が高いなどだ。

当時（16、17世紀）、ヨーロッパや中東では、風呂に入る習慣はなかったようだ。よく言われるように、入浴するのは生まれたとき、結婚するとき、死ぬときの3回だけだったようだ。面白いことに、ローマ帝国時代の各都市は下水道が完備し、公衆浴場と水洗トイレが完備していたが、中世を経て完成したヨーロッパの都市部では、そうした風習はまったくなくなったようだ。また、糞《ふん》尿《にょう》の処理もきちんとなされていなかった。15、16世紀の大都市ロンドンやパリでもいわば垂れ流しだった。おまるにためた糞尿をそのまま街路に撒《ま》き散らしていたらしい。ヨーロッパ文化のひとつである香水も、生活上の悪臭を消すために開発されたという。

日本では江戸時代にはし尿の汲み取りシステムが完成し、糞尿は肥料として再循環していた。それだけ清潔だったのだ。もちろん、日本でもコレラ（ころり病）の蔓延《まんえん》などがあったが、ヨーロッパのように、ペスト（黒死病）やスペインかぜ（インフルエンザ）などで地域の人口が激減するような事態は起きなかった。それだけ日本は清潔で、日本人はきれい好きだった。

驚くべきほどの器用さや争いの少ない生活も日本人の特徴のひとつだ。戦後の疲弊からまたたく間に復興し、一時期は世界第2位の経済力を示した勤勉さは国際的にも認められている。こうした日本人の特性は、文化という側面があるので、どこまで生物学的に説明できるか、どこまで遺伝子と関係しているかは難しい問題だ。

次に文化の遺伝子とも言われる「ミーム」について考えてみる。

■ミーム（文化遺伝子）とジーン（DNA遺伝子）

ミームというのは遺伝子との類推から生まれた概念だ。その特徴は、文化や情報が「進化」する仕組みを、遺伝子が進化する仕組みとの類推で考察できるということだ。つまり、DNA遺伝子が生物を形成する情報であるように、ミームは文化を形成する情報と言ってもよいだろう。遺伝子は子孫へコピーされる生物学的情報だが、ミームは人から人へコピーされる文化的情報だ。遺伝子が「進化」するように、ミームも「進化」しており、それによって文化が形成されていくと考えている。たとえば、習慣や技能、物語といった人から人へコピーされるさまざまな情報だ。

もともとミームという言葉は、イギリスの動物行動学者で進化生物学者であるリチャード・ドーキンスが、『利己的な遺伝子』という本の中で作ったものだ。ミームを脳から脳へと伝わる文化の単位としている。あらゆる情報は、マスメディアや会話、本、人々の振る舞い、儀式等によって心から心へとコピーされていくが、そのプロセスを分析するため、それらの情報をミームとして定義し、分析することにこの概念の意義がある。

縄文時代の１万年以上の狩猟・採集・漁労生活、その上に弥生時代以降の２０００年の米作文化によって形成されたミームが日本文化を作っていると考えてよいだろう。そのミームが、これまで述べてきた日本人の特徴である自然に親しむ（①虫の声を楽しむ）、争いを好まない（②和をもって貴しとなす）、清潔・勤勉で温和である（③清潔と勤勉）などの文化と生活を作っているのだ。

しかし、こうした日本人のミームによって作り出されてきた伝統的な価値観が、戦後の急速な高度経済成長と、その後の経済のグローバル化によって失われつつあると思うのは、私だけではないだろう。ＤＮＡ遺伝子（ジーン）はそう簡単には変化しないが、文化遺伝子（ミーム）は急速に変化するからだ。

第5章　ヒトと野生動物を分けるもの

チンパンジーとヒトではＤＮＡの塩基配列が98・８％が共通だ。つまり遺伝子ＤＮＡのレベルで言えば、ヒトもチンパンジーもほとんど同じような動物なのだが、一方は今でも野生動物だし、ヒトは大きな脳を発達させ、農業で食料を生産し、科学を発達させ、全地球を隅々まで支配している。その差はどこから来るのだろうか。

わずか１・２％の塩基配列の違いが何をもたらしているかを知るには、ＤＮＡの遺伝形質の発現の仕組みを知っておくことが大事だ。２００３年にヒューマン・ゲノム・プロジェクトが完了し、30億塩基対というヒトＤＮＡの塩基配列が読み取られた。だから、ヒトの遺伝子の働きがすべて解明されたかのように思われる。しかし、その後10年以上経つが、残念ながら遺伝子の働きにはまだわからないことがたくさんある。塩基配列が解明されたことと、２万３０００個と言われる個々の遺伝子がどのように働いているのかがわかるのとはまったく違うのだ。原理的には、ヒトとチンパンジーのＤＮＡの違いをすべて解明できれば両者の違いはわかるはずだが、それほど簡単にはいかない。

■チンパンジーとヒトのDNAは98・8％が共通

チンパンジーとヒトのDNAで違っているのはわずか1・2％程度で、残りの98・8％が同じだと言われている。違っているのは主に「調節遺伝子」と言われる遺伝子なので、まず調節遺伝子とは何かから始めよう。

第1章の「細菌からヒトまで同じ原理で生きている」の項で述べたように、DNAの遺伝情報は、まずRNAに写し取られ（転写され）、そのRNAの情報が翻訳されてタンパク質になる。このようにして作られたタンパク質が生命を支える基本的な物質群で、実に多様な働きをしている。

タンパク質はその働き方によって、酵素として働くもの（アミラーゼ、DNA合成酵素などの酵素タンパク質）、体や細胞の基質や構造を作るもの（ヘモグロビン、コラーゲン、ミオシンなどの構造タンパク質）、細胞の表面で情報を受け取るもの（受容体タンパク質）、核内のDNAと結合して遺伝子の発現を調節するもの（調節タンパク質）などに分けられる。酵素や構造タンパク質を作る遺伝子を構造遺伝子、調節タンパク質を作る遺伝子を調節遺伝子と呼ぶ。調節タンパク質は多くの場合、DNAからRNAを転写する場所で働くので、転写調節因子と呼ぶ。転写調節因子は、どの遺伝子を、いつ、どのくらい発現させるかを決めている。

チンパンジーとヒトとのDNAで違っているのは主に調節遺伝子の部分で、構造遺伝子はほとんど共通している。だから、チンパンジーとヒトのタンパク質はほとんど同じだ。

髪の毛の主要なタンパク質であるケラチン、筋肉を作っているアクチンとミオシン、消化酵素であるアミラーゼ、赤血球に含まれるグロビンなど、基本的なタンパク質はほとんど同じだ。つまり、体を作っている部品は同じで、その性能や配置、その量が少し違っていると考えるとよい。

たとえば体表を覆う体毛の量と分布を考えてみる。チンパンジーは顔と掌《てのひら》など一部を除いて全身が長い体毛で覆われている。ヒトは人種によって差があるとはいえ、体毛は多くはない。それは、体毛の分布を決めている調節遺伝子の働きのちょっとした違いによる。ヒトでもその調節遺伝子の突然変異で、全身が体毛で覆われた人が生まれることがある。実際に、全身が長い毛で覆われた人（ヨーロッパに実在した貴族）の写真が残っている。その人は、まるで映画『スター・ウォーズ』（米国、１９７７年、ジョージ・ルーカス監督）に出てきた「チューバッカ」のように、全身が長い黒い毛で覆われていた。だから、調節遺伝子の変化によってはヒトでも体毛が極端に多くなることはありうるのだ。

日本人は体毛が薄いが、人種によっては非常に体毛が濃く、胸や背中一面に毛が生えている男性がいることは、外国映画などを見ればよくわかる。こうした髭《ひげ》の濃さ、体毛の濃さの違いも、調節遺伝子のわずかな違いで説明される。

■調節遺伝子の違いが、顔つきの違いを決める

次に、チンパンジーとヒトの手の作りを考えてみる。両者とも５本の指を持ち、基本的な骨の数

はまったく同じだ。その違いは、それぞれの指骨の長さと指の向き具合だけだ。ヒトの親指は、他の4本の指と向き合っていて、親指と他の指でものを握ることができる（親指の対向性）。それに対してチンパンジーの親指は、他の4本の指と同じ向きについていて、対向することはできない。この違いが、ヒトとチンパンジーの器用さの違いと関係している。そうした個々の骨を作っている材質（タンパク質や炭酸カルシウム）は同じだが、骨の形を作る調節遺伝子の働きが少し違っているだけなのだ。

最後にチンパンジーとヒトの顔つきの違いを見てみよう。両者とも、中央に鼻があり、2個の目があり、額があり、顎があり、歯が生えている。すべての部品はまったく同じだ。特に子どものうちはほとんど同じ形をしている。しかし成長すると、その形が大きく変化し、ヒトはヒトらしい顔に、チンパンジーはチンパンジーに特有の顔になる。つまり、部品は共通していて、その部品の最終的な形を作る調節遺伝子がちょっと違っているだけと考えれば、ヒトとチンパンジーとの違いが理解できる。

もともとの部品は同じだが、調節遺伝子の働きによって成長・発達の度合いが大きく違ってくるわけだ。だから、形を作る調節遺伝子が突然変異で変化すると、かなり大きな形の変化が生まれる。

調節遺伝子の役割を具体的に示す例として、先ほど述べた全身が体毛で覆われた人の例や、人種による毛深さの違いをあげることができる。こうした体毛の違いのほかに、尾骶骨《びていこつ》が長い人もたまには見られる。ヒトになるにしたがって尾はなくなったが、ちょっとした調節遺伝子の働きで尾骶骨が大きくなってしまうことも知られている。

これまでチンパンジーとヒトの違いは、調節遺伝子の違いが大きいと説明してきたが、その調節遺伝子の働きはまだ十分には解明されていない。単純に考えれば、今ではヒトのゲノムＤＮＡの配列はすべて解明されているから、チンパンジーとの違いもわかりそうなものだが、そう簡単にはいかない。

■ゲノムＤＮＡを働きごとに分類する

一番大きな問題は、ＤＮＡ配列の中にはまだよくわからない配列がたくさんあることだ。実は、説明を簡単にするために述べていなかったが、ＤＮＡの情報はすべてＲＮＡへと転写されるわけではない。ここでＤＮＡの全塩基配列をその働きごとに分類・整理しておこう（１２０ページ図６）。

まず、ＤＮＡ配列は大きく、①ＲＮＡへと転写される配列（コード配列という）と、②転写されない配列（非コード配列）に分けることができる。

ＤＮＡの全塩基配列のうち①転写される配列はわずか３％程度で、②転写されない配列が97％も占めている。だから、ヒトのすべてのＤＮＡの塩基配列が読み解かれたとはいっても、働きのわからない配列が大部分なので、チンパンジーとの違いもまだわからないことがたくさんある。

ちなみにヒトは約30億塩基対のＤＮＡを持っているが、すべての人がまったく同じ塩基配列を持っているわけではない。当然個人差がある。ヒトごとに約300万塩基が違っていると言われている。30億中の300万だから、0・1%の違いだ。つまり、ヒトのDNAの塩基配列は99・9%が共通なのだ。このくらいのDNAの違いで、すべての人種の違いや、ありとあらゆる個性が説明できるのだ。このように考えれば、ヒトとチンパンジーの塩基配列の違いが約1・2%というのは、結構大きいものだと言ってもよいだろう。

図6　ゲノムDNAの働き方による分類

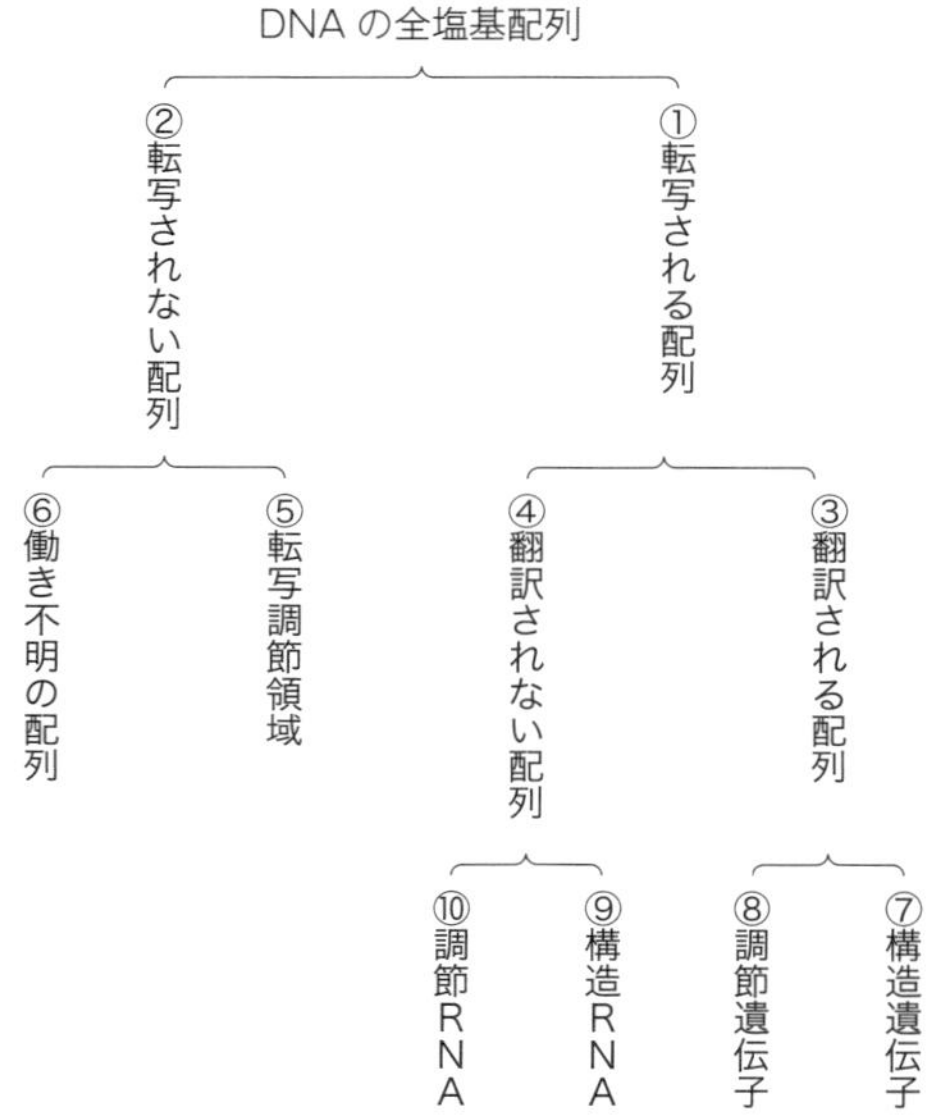

DNA配列は大きく①RNAに転写される配列と、②転写されない配列に分けられる。転写される配列は全体の約3%を占めるにすぎず、残りの97%の働きはよくわかっていない。

■「前途有望なモンスター説」と「断続平衡説」

ダーウィン進化論では、突然変異で生じた小さな変異が選ばれて、次第に新しい形質ができてくると考えられてきた。小さな変異が少しずつ蓄積して変化するというので「漸進《ぜんしん》説」という。だから、新しい機能や新しい形が突然出現することは、なかなか説明しにくかった。

生物進化の過程で、種や属の変化を「小進化」、目《もく》や綱《こう》のような分類学上でも大きな群の特徴が変化するような進化を「大進化」と呼ぶ。ダーウィン進化論の漸進説では、大進化がどのように生じたかはうまく説明できない。

タンパク質のアミノ酸配列を決める構造遺伝子の変異は、まさに漸進的にしか変化しない。たとえば、呼吸をつかさどるチトクロームというタンパク質は、カビのような下等な生物（真菌類）にも、エビやカニのような節足動物・甲殻《こうかく》類にも、さらにヒトのような脊椎動物・哺乳類にも存在する基本的なタンパク質で、どの動物でもほとんど同じ様なアミノ酸のつながりからできている。しかし、カビ、エビ、ヒトは生物としての形が大きく異なり、まったく似たところがない。体は同じようなタンパク質でできているにもかかわらず、形が大きく異なるのは、ひとえに調節遺伝子の違いによる。調節遺伝子が変化すれば、一気に新しい形態が生まれることがある。

１９５０年代のアメリカの遺伝進化学者Ｒ・ゴールドシュミットは、大進化は小進化の単なる積み重ねでは説明しきれないと考えた。彼は、突然変異で怪物（モンスター）のようなものが出現する以外に、新しい門や綱などが出現する仕組みが説明できないと主張した。そうした怪物のような生き物の中で前途有望なものが生き残り、新しい門や綱ができてきたと主張した。こうした考えを「跳躍進化説」または「前途有望なモンスター説」という。多くの突然変異体は生き残れないが、その中で少数でも「前途有望な」ものが生き残って、新しい形と機能を作り出していったという考えだ。

当時は分子生物学が未発達で、遺伝子ＤＮＡの働きはまったくわかっていなかったし、調節遺伝子という考えもない。だから、こうした説は相手にされていなかったが、今やこの考えが復活してもよいと思う。

「前途有望なモンスター説」ほど過激ではないが、アメリカの進化生物学者Ｓ・Ｊ・グールドがとなえた「断続平衡説」も、ダーウィン流の古い漸進説を乗り越えるものだ。長い生物進化の歴史を詳しく調べてみると、生物は大きな変化を示さずに長期間生存するが、ある時期になると急に変化することが示された。地球環境が変化すると、それまであまり変化しなかった生物の形が一気に変化するのだ。それを発見したＳ・Ｊ・グールドは「断続平衡説」と呼んでいる。新しい環境に適応するために、調節遺伝子が変化して形が大きく変化すると考えられる。

大進化を含めて、生物の形がどのように進化したのかは、大変難しい問題でいろいろな議論があるが、新しいところでは池田清彦著『「進化論」を書き換える』（新潮社、２０１１年）が説得力のある議論を展開している。

カンブリア紀の大爆発と言われる約５億年前の地球では、世にも不思議な形をした生物がいっせいに出現した。その様子は、Ｓ・Ｊ・グールドの名著『ワンダフル・ライフ』に詳しく書かれている。「奇妙奇天烈《きてれつ》な生物」と表現する人もいるくらいで、まさに怪物のような生物が突然のように現れたのだ。この時期に多くの調節遺伝子の変化が生まれ、いっせいに珍奇な動物が出現したのだろうと思っている。

■異時性（ヘテロクロニー）と相対成長（アロメトリー）

図7は、チンパンジーとヒトの頭蓋骨の発達度合いを模式的に示したものだ。まず胎児の頭蓋骨を横から眺めたものを正方形の座標で表す。次に、大人になった時の頭蓋骨を同じように描き、それぞれどの点がどのように伸びていったかを示す。こうすることで各部分の相対的な成長の度合いを正確に知ることができる。それを相対成長（アロメトリー）と呼ぶ。

図7　チンパンジー（A）とヒト（B）の頭蓋骨の発達・成長の違い

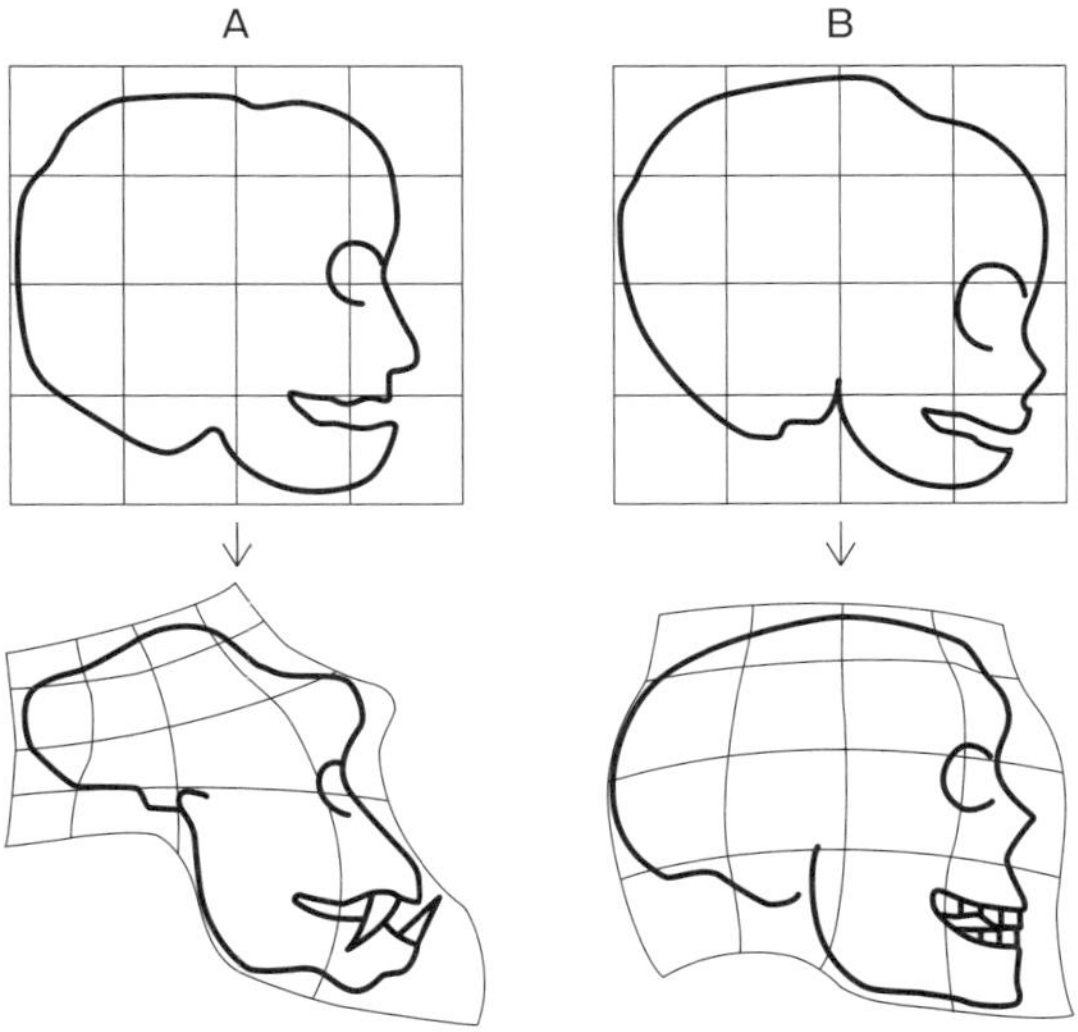

チンパンジーでは大人になると顎が大きくなるので方眼が大きく歪むが、ヒトではそれほど歪まない。（『個体発生と系統発生』S. J. グールド著、仁木帝都・渡辺政隆訳、工作舎、1987年、図67より改変）。

チンパンジー（A）の場合は、大人になるに従って、特に顎の部分が大きく発達していく。それに伴って頭の円さが失われて、つぶれた頭蓋になってしまう。だから、最初の正方形の座標が大人になるにしたがってどんどん歪んでしまう。

それに対してヒト（B）の場合は、胎児の頭蓋骨と大人の頭蓋骨では、あまり大きな座標の乱れはない。顎の部分が少し歪んでいるだけで、頭の部分は円いままなので正方形の座標はあまり歪まない。

このように、ヒトとチンパンジーという非常によく似た動物同士でも、発生が進むことによって、体の各部域の相対成長が異なり、次第にそれらしさが出てくることがよくわかる。

さらに出生後の脳の発達にも違いがみられる。前にも説明したように、ヒトは胎児のうちは小さな脳だが、出生後急激に脳を発達させる。しかしチンパンジーでは、出生時にはすでに脳が大きく発達している。つまりチンパンジーの発生は速く進み、ヒトの発生はあまり速くない。発生が速く進むか、遅く進むかによって、もとの部品が同じでも別の形態が出現するのだ。

こうした発生の時間と体の各部分の発達の関係を調べる学問分野がある。発生に要する時間によって、できてくる形態が違ってくることを「異時性（ヘテロクロニー）」という。異時性というのはあまりなじみのない言葉だが、ヒトの進化を考える上でとても重要なものだ。

この異時性という考え方は、発生学と進化学で使用される概念で、時間を問題にする。先ほど述べた頭蓋骨の発達で明らかなように、大人のヒトの頭蓋骨はチンパンジーとはかなり形が異なる。ヒトの場合は大人になっても非常に未発達で、チンパンジーと比較すれば、ヒトは子どもの特徴を残しているのだ。

チンパンジーでは、時間がたつにしたがって大人の形、大人の形質が発達するが、ヒトの場合は、時間がたっても大人の形質があまり表れない。それを発生における異時性の違いと考える。ヒトは、今述べた頭蓋骨の発達以外でもさまざまな体の発達が相対的に遅く、年齢を重ねても大人の形質があまり表れずに子どものままとどまっている。しかし、生殖機能は特に遅れることもなく発達する。それに対して、チンパンジーは体が著しく速く発達するので、時間とともに大人の形質がどんどん出現し、チンパンジーらしくなる。

このように体の発達の程度が遅いか速いか、生殖の仕組みの発達が速いか遅いかの組み合わせはいろいろあるが、ヒトのように体の発達が相対的に遅く、生殖の仕組みは普通に発達する異時性の組み合わせをネオテニー（幼形成熟）と呼ぶ。

つまり、ヒトはネオテニーの傾向が非常に強い、それがヒトの特徴なのだ。ヒトが人になっていったのはネオテニー的な特徴があったためだ、と考えることができる。

■一番有名なネオテニーはウーパールーパー

水族館で人気者のウーパールーパーは、メキシコサンショウウオという両生類のネオテニー個体だ。体つきは子ども（幼生）なのに、性的には成熟して子どもを作ることができる大変面白い動物だ。

ウーパールーパーの一番の特徴は鰓《えら》を持っていることだ。鰓があるということは水中生活をしている、つまり幼生の状態だ。ウーパールーパーは子どもの状態（幼形）のまま、生殖活動を行うこ

図8　エゾサンショウウオの変態抑制個体

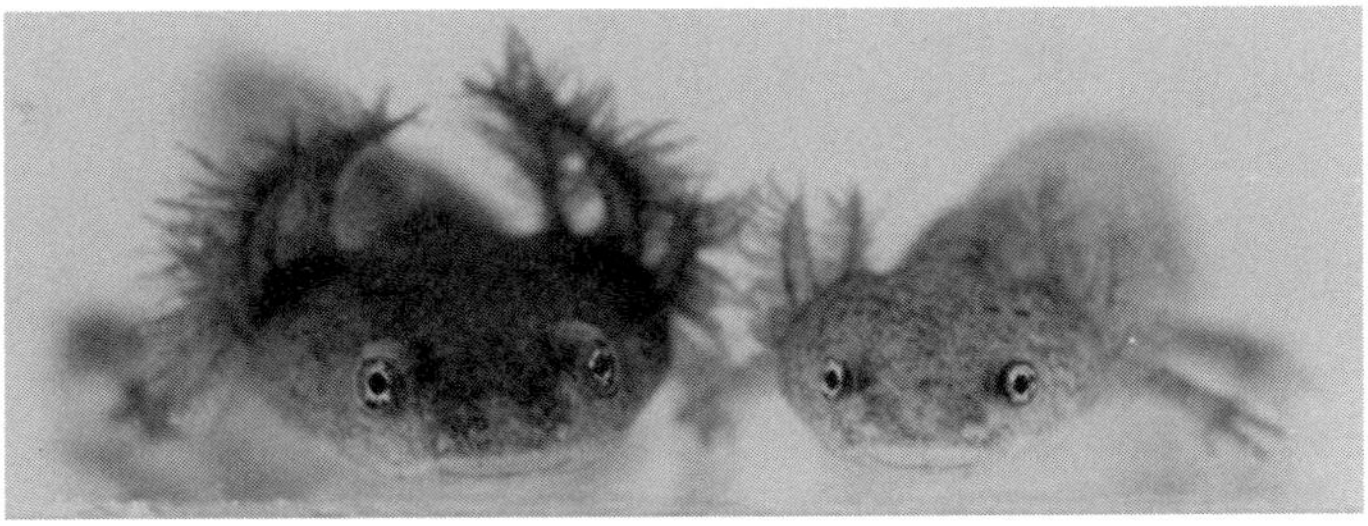

甲状腺阻害剤で飼育した幼生はまるでネオテニーのように鰓を残したまま体が大きくなり、生殖腺も発達した（若原原図）。

とができることで有名だ。

実は、私が現役の時に研究していたエゾサンショウウオも、このネオテニーを行うことができる日本で唯一の動物として大変貴重な動物だ。エゾサンショウウオは北海道全域に生息するサンショウウオだが、ネオテニーの個体群は、登別温泉の近くにあるクッタラ湖だけに生息していることが明治時代に発見された。しかし、その後クッタラ湖に養殖魚が導入されたために全部喰われてしまい、このネオテニーの個体群は絶滅してしまった。残念ながら今は生存していない。しかし、このネオテニーという現象は生物学的にも大変貴重なものだから、私たちはエゾサンショウウオのネオテニーを是非再現させたいと思い、いろいろな研究を積み上げてきた。

両生類の変態は甲状腺ホルモン（チロキシン）によって促進されるから、甲状腺の働きを抑制する薬品で幼生を処理するとその変態を抑制することができる。そうすると幼生はいつまでも変態することなく、幼形のまま（鰓をもったまま）水中で生活する。しかし、体の中では生殖細胞がどんどん発達し、卵子や精子ができてくることがわかった。つまり、体細胞と生殖細胞の発達は別の仕組みで支配されていることが確かめられたので、ネオテニーはありうることだと実感した。図8はエゾサンショウウオの変態を抑制して飼育したものだ。正面から見るとウーパールーパーとよく似たものが出来上がる。

しかし、異時性を支配している調節遺伝子はまだよくわかっていない。

■ヒトのネオテニー的特徴

メキシコサンショウウオとエゾサンショウウオのネオテニーの例のように、生物によっては、外形的には大人になりきれず、子どものまま生殖時期を迎えることがある。実は、ヒトもネオテニーの特徴を残している。

ヒトのネオテニー的特徴を列挙しておく。

・平坦な顔（正顎性とよぶ）。これについては、先ほどのチンパンジーとヒトの大人と子どもの頭蓋骨の相対成長（図7）を見ればはっきりとわかる。チンパンジーは大人になると顎が著しく突出するが、ヒトの顔は大人になっても平坦なままだ。つまり、子どもの特徴を大きく残しているということで、ネオテニーの特徴だ。

・体毛の減少。多くの動物でも胎児や赤ちゃんのうちは体毛が少ないが、成長するにしたがって体毛が濃くなる。しかしヒトの場合は、成長してもあまり体毛は濃くならない。これもネオテニーの特徴だ。特に日本人は、体毛も少なく、顔が幼く、どちらかと言えば赤ちゃんのように頭が大きく、八頭身は少ないので、ネオテニーの特徴を強く残していると言える。

その他ヒトのネオテニーの特徴をあげておくと、

・脳重量が相対的に大きい　・歯が小さい
・頭骨の縫合が高年齢まで存続する　・歯の萌出《ほうしゅつ》が遅い
・頭蓋が薄い　・寿命が長い
・足の親指が回らない　・親への依存期間が長い
・成長期が長い

などもヒトの特徴だ。

つまり、ネオテニーによって人間らしさができてきたと考えてよいだろう。

少し専門的な言い方になるが、体細胞の発達が遅くなることで大人になるのが遅れ、成長する時間がかかることで大脳が発達し、ヒトが人らしくなってきたと言ってもよいと思う。

一言でいえば、「ヒトが人になる」にあたって、子どもの特徴が残っていることが非常に大事だったのだ。子どもは何でも興味を持つし、多くのものを吸収するし、好奇心が強い、何でも挑戦するというのが特徴だから、こうしたことがヒトが人になっていった生物学的な要因だったのだろう。

■遊びをせんとや生まれけむ

人間の特徴は、成長期間が長いだけではなく、多産だということもある。ゴリラやチンパンジーなどの大型類人猿よりも多産だ。それはヒトが熱帯雨林からサバンナに進出した結果、幼児の死亡率が上がったためだと考えられている。密林の樹上生活よりも、地上のサバンナには外敵も多く、猛獣に発見されやすいし、危険が多い。その代償として多産になった。

成長に時間がかかる子どもをたくさん抱えた結果として、社会的な遊びが生まれたと考えられる。少子化が懸念されている日本では、子ども同士の遊びが少なくなったが、５人兄弟や７人兄弟が普通だったころは、子どもはいたるところで遊んだものだ。

多くの哺乳類の子どもは遊ぶ。イヌの子のようにコロコロ遊ぶ、キツネやオオカミの子がじゃれ合う、サルの子が遊びながら互いの力関係を確立するなどは有名だ。しかしヒトの場合は、その遊びの時間が圧倒的に長い。10年以上の長きにわたって遊びながら育っていく。その過程で本能行動以外に学習行動をするようになり、ヒトとしての人格が育っていく。

平安時代に後白河《ごしらかわ》法皇によって編纂《へんさん》されたという歌謡集『梁塵秘抄《りょうじんひしょう》』にあるように「遊びをせんとや生れけむ、戯《たわぶ》れせんとや生れけん、遊ぶ子どもの声きけば、我が身さえこそ動《ゆる》がるれ」が、子どもの本質を示している。

子どもは好奇心が強く何でも興味を持つ。仲間と遊ぶ中で自分の立ち位置もわかり、相手との関係を作ることもできる。遊べない子どもは成長ができない。

ヒトとしての大事な特質は何かと言えば、どんなものにでも疑問を抱き好奇心をもち続けることと、美しいものを見て感動することだと思う。野生動物は、水族館のイルカや都会のカラスのように遊びはするが、どんなに賢くとも疑問を発することはないし、感動することもないと考えられる。

さらに、ヒトと、チンパンジーやゴリラとの一番の違いは、ヒトの子どもには「憧《あこが》れ」があることだと言う。人間の子どもは、自分が将来何になりたいか、強い憧れがある。女の子であればお花屋さんになりたい、男児であれば野球選手やサッカー選手に憧れ、運転手になりたいと思うが、ゴリラやチンパンジーにはそうした思いはない。遺伝子的には1・2％の違いしかない両者だが、その差が憧れを生み、こうした憧れがヒトの文化を発達させたのだ。

■言語遺伝子ＦＯＸＰ２の分化

動物とヒトを分ける決定的な違いは言語だ。多くの動物は音声でコミュニケーションするが、言語を使用する動物はいない。はたしてヒトの言語はどのように進化してきたのだろうか。言語にかかわる遺伝子があるのだろうか。

遺伝的な失語症の家系の遺伝子分析から、言語の獲得に必要な遺伝子が見つかった。イギリスのある家系で、３世代にわたって、およそ半数に生得的な発話障害が見出された。そこでこの家系を詳しく調べ、失語症の原因となる遺伝子を突きとめようとした。家系内で障害のある者とそうでない者に2分し、遺伝的スクリーニングを実施した結果、浮かび上がったのが第7染色体に存在するＦＯＸＰ2と名付けられた遺伝子だ。

この遺伝子が突然変異を起こすと、言語に必要とされる運動を適切に行うことができず、いわゆる失語症を発症する。そこで、この遺伝子は「言語遺伝子」と呼ばれた。ネアンデルタール人の骨から抽出されたＤＮＡを調べた結果、ネアンデルタール人は現生人類と同じ配列のＦＯＸＰ2を持つことがわかっている。だから、ネアンデルタール人も言語を持っていたと考えられている。

不思議なことに言語のないチンパンジー、マウス、鳥類のキンカチョウなどにも同じ遺伝子が存在している。キンカチョウというトリでは鳴き方、コウモリでは反響定位にも関係している遺伝子だ。この遺伝子の産物であるＦＯＸＰ2タンパク質は、全部で715個のアミノ酸からなる転写調節因子で、そのアミノ酸配列は進化的に非常に強く保存されている。ヒトのＦＯＸＰ2タンパク質は、チンパンジーのＦＯＸＰ2タンパク質と2アミノ酸、マウスとは3アミノ酸、キンカチョウとは7アミノ酸しか違わない。

そこで、ヒト型のＦＯＸＰ2遺伝子をマウスに導入する実験が行われた。マウスは言語を操るための舌や咽頭《いんとう》などをもっていないから、ヒト型の遺伝子を導入されても言語をしゃべったりはしないが、遺伝子導入マウスは、声の質が変わったり探索意欲が変化した。さらに大脳を調べてみると、大脳皮質の一部で神経線維が長くなり、シナプス伝達も増強されていた。ヒトとマウスのＦＯ

XP2タンパク質は、715アミノ酸のうちわずか3つのアミノ酸が違うだけだが、ヒトのFOXP2遺伝子を導入されたマウスでは脳の働きが明らかに変化したのだ。

FOXP2遺伝子は調節遺伝子で、この遺伝子の下流にあるいくつかの遺伝子の発現を調節しているようだ。はたしてヒトの言語というきわめて複雑で高度な機能がひとつの遺伝子だけで説明できるとは思えないが、そのきっかけとなる遺伝子には違いない。ヒトを特徴づける言語を遺伝子レベルで説明できる日が遠くない時期に来るだろう。

言語の働きは、音声でコミュニケーションを図るというだけではない。最も大事な働きは、言語で論理的に思考することだ。音声でコミュニケーションをする動物はたくさんいる。たとえば、鳥類（特にキンカチョウやジュウシマツに代表される鳴禽類《めいきんるい》）は、さまざまな鳴き方を学習して素晴らしい能力を発揮するし、場合によってはヒトの言葉を真似《まね》して喋《しゃべ》ることもできるほどだ。しかし、トリが言語を使用して本格的に思考しているか、となれば問題は別だ。

■知能〜チンパンジーの抽象思考能力

他方、ヒトに一番近いと言われるチンパンジーは、本格的に喋ることはできない。それはのど（声帯）や舌などの解剖学的な特徴による。言葉を喋ることはできないが、チンパンジーの知的能力には目を見張るものがある。よく知られているように、訓練されたチンパンジーは、抽象的な数字を理解し、ある程度の推論を行うことができる。

京都大学霊長類研究所が行ったメスのチンパンジー「アイ」を使った研究は、大変に有名なものだ。チンパンジーの知的能力の高さを知ってもらうために、実験方法を含めて説明しよう。

まず、コンピューターに連動したモニターにさまざまな図形を投影してその意味を学習させる。覚えのよいチンパンジーと覚えの悪いチンパンジーがいるが、アイというメス・チンパンジーはとても頭がよく、いろいろな概念と物体を簡単に覚えることができた。たとえば、コップとか歯ブラシ、食べ物のリンゴやバナナのような具体的なものを図形で理解し、赤、青、白、黒という色も区別できた。体の部分で言えば、目も耳も理解し、動詞の「近づく」や、接続詞の「と・アンド」も使用することができた。さらに、１から９までの数字を理解し使用することができたのだ。

大事な点は、実験に使用した図形は本来のものの形とまったく関係のない形をしているという点だ。専門的には「恣意性」と言う。たとえば歯ブラシなら歯ブラシの形、バナナであればバナナの形を指すというのであれば、形そのものを連想するだけだから、抽象的な概念を理解したことにはならない。実験では、たとえばバナナは「○に□を重ねたものにS字曲線」を入れた図、歯ブラシは「□のなかに斜線」を入れた図、というように実物とまったく関係のない形、つまり恣意《しい》的に決められた図形文字を使用した。恣意的に決められた図形文字を理解する、概念として理解できる、という点が言語能力のポイントだ。

こうして訓練したアイは、たとえば５本の実物の赤い歯ブラシを示されたら、まず「歯ブラシ」、次に「赤」の図形文字を選び、最後に「５」のキーを押すことができたという。つまり、アイは提示された「5本の赤い歯ブラシ」を見て、その意味内容を正確に理解し、キーボードを押してちゃんと説明できたというわけだ。

普通の動物はある程度の言語能力はあっても、命令文で相手の動物に物を持ってこさせるとか、逆に動物が命令文を作って、「何々がほしい」とか、「外に出せ」ということを訓練すればできるという程度だと思われていたが、このように平叙文《へいじょぶん》を作ることができるというのは大変高度な能力で、ヒトの3歳以上の能力だと言われている。

面白いことに、チンパンジーの言語能力の研究に使われた個体で優秀な成績を上げたのはすべてメスだ。ヒトでも言語能力に男女差があると言われて、現実に同時通訳で活躍する人は女性が圧倒的に多いが、多分チンパンジーでもメスの方が言語能力が高いのだろう。

動物は高等になるにしたがってさまざまな能力を身につけるが、その代表が道具の使用だ。以前は、道具を使うのは人間だけだ、道具の使用こそが人間の特徴だ、と考えられたこともあるが、今では多くの動物が道具を使うことが知られてきた。中でもチンパンジーは道具を工夫して、ある程度将来を見通した行動をとることができる。

天井からぶら下がっている餌（たとえばバナナ）をとるための行動を調べた研究がある。絶対に届かないところに餌がぶら下がっていると、チンパンジーは箱を探してきて、それに乗って手を伸ばす。しかし、台になる箱がひとつでは届かないときには2つ重ねて、というように工夫をして最終的に餌を手に入れる。

チンパンジーはこのようにある程度先を見通した行動ができる。道具を工夫するというのも知能が発達した動物の能力で、これもヒトで言えば３歳児くらいの知能だろうと言われている。ただし、こうした観察をしたのは飼育されたチンパンジーのものだから、人間の影響を受けているのではないかという批判があった。しかし、野生のチンパンジーが道具を使って蜂蜜を採ることも観察されていて、自然状態でも巧みに道具を使用することが確かめられている。

■物まね・模倣の起源〜ミラーニューロン

学習行動として最近発見された大変面白い例は、石で硬いアブラヤシの実を割るフサオマキザルだ。他の動物が食べることのできないものを何とか工夫して食べる姿は、先史時代のヒトを思わせるものだった。フサオマキザルは南アメリカに住むサルなので分類学的には新世界ザルに属する。大きな岩のちょっとしたくぼみに硬いヤシを置いて、適当な大きさの石を振り上げては打ち下ろし、懸命になってヤシの実を割る様子がテレビでも放映されているから、その場面を見た人も多いだろう。

こうした複雑な行動は、一朝一夕で得られるものではなく、懸命な練習・繰り返しの訓練が必要で、子ザルは親や仲間のやり方を見ながら次第にうまくなっていくことが報告されている。親は手取り足取り教えることはしない。チンパンジーのようなもっともヒトに近いとされる類人猿でも、積極的に教えることはしない。子どもは盗み見て覚えるようだ。

日本語では「猿真似」という表現がある。あまりよい意味では使われていないが、模倣は非常に大事なことだ。日本語の「学ぶ」という言葉はまねぶ、つまりまねることから来ていることを考えれば、まねをする、模倣することは生物にとって知能の発達のためには重要な性質だろう。

最近になって、模倣する神経細胞（ニューロン）が見つかった。鏡を見たときに鏡像をイメージする神経細胞なのでミラーニューロンと名付けられた。この細胞があるおかげで、ヒトもサルも名人や先人の経験から学ぶことができるようになったのだ。

ミラーニューロンは霊長類などの高等動物の脳で最初に見つかった。自ら行動するときと、他の個体が行動するのを見ているときの両方で活動電位を発生させる神経細胞だ。他の個体の行動を見て、まるで自身が同じ行動をとっているかのように「鏡」のような反応をする神経細胞だ。このような神経細胞は最初サルで観察され、ヒトやいくつかの鳥類にも存在することが確かめられている。

多くの鳴くトリ（鳴禽類）は、主に生殖のために鳴くが、その行動は本能に支配されている。しかし、うまくうたうには学習が必要だということが知られている。そこにもやはりミラーニューロンが働いている。トリの場合は、鏡を見たときに鏡像をイメージするわけではなく、聴覚と歌声に関係している。つまり、その神経細胞は自分が歌をうたう時に活動し、その歌を聞いた時にも活動するので、聴覚性のミラーニューロンと言われている。

ミラーニューロンの機能については多くの説があるが、この神経細胞が「ヒトが人になる」にあたって重要な役割を果たしたことは間違いない。ヒトが言語を学習し、文化を継承していく上でもこの神経細胞は重要な働きをしたのだろう。このようなニューロンが、他人の行動を理解したり、模倣によって新たな技能を修得する際に重要であるからだ。この鏡のようなシステムによって、観察した行動を実際にやってみること、さらに他人がしていることを見て、我がことのように感じる共感能力が培われてきた。他人に対する共感が形成されることで、「ヒトの心」の発達・進化に寄与していると考えられている。

さらに、ミラーニューロンの障害が、自閉症などの認知障害を引き起こすという研究もある。しかし、ミラーニューロンの障害と自閉症との関係は憶測の域を出ておらず、ミラーニューロンと自閉症との関連はこれからの研究によっている。

■ニホンザルのイモ洗い文化

ヒトの文化がどのように形成されたかは、化石資料からもさまざまことが読み取れるが、野生動物の観察からも文化の伝承について知ることができる。一番有名な例は、ニホンザルのイモ洗い文化だ。

ニホンザルの研究は京都大学の霊長類研究所が大きな成果を上げているが、今から60年以上も前に、宮崎県の日向《ひゅうが》海岸にある幸島《こうじま》という小さな無人島に住むニホンザルの集団を研究した例が大変有名だ。幸島では研究者が餌付けをし、個体識別をして生態学の研究を始めた。すべての個体に名前を付けて詳しく観察することが出発点だった。今では、生態学の研究としては当たり前の研究方法だが、今から60年以上も前にこの方法を確立したのは画期的なことだ。

幸島のニホンザルは、集団を率いるボス（リーダーとサブリーダーと呼ばれる2匹のオスザル）を中心に、メスザルと子ザルが中心部に住んでいる。若いオスザルは、一定の年齢になると群れから離れ単独で生活をするようになる。メスザルは、中心部で子育てをしながら次世代をつくるという安定した生活を送っていた。その中で「イモ」と名付けられた母ザルが大変面白い行動をとった。

彼女は大変優秀で知能の高いサルで、進取の気性に富んでいたのか、人から与えられたサツマイモを海水で洗ってから食べたのだ。それまで多くのサルは土のついたイモを与えられたら、両手でその土をこすって落として食べていたが、この「イモ」というメスザルが海水につけてイモを洗った。それを見たほかの個体、最初は彼女の子どもたちだったが、彼らも真似をして、次第にイモを洗う行動が集団に広がり、次世代にも伝わっていった。

動物が他の個体の行動の真似をする、模倣することである種の文化的行動が伝承されることを最初に明らかにした大変有名な現象だ。こうしたことは、ひょんなことからできるようになり、親から子へと次第に群れに広がっていくことが知られている。文化の伝承とも言うべきこのような行動は、ミラーニューロンがなければなしえない行動だ。

■知能・学習と教育効果

ヒトと動物を分けるものとして、教育がある。多くの動物はある程度の知能もあり学習能力があるから、訓練によりさまざまなことができるようになるが、いくら訓練しても遺伝子に組み込まれたこと以外をすることはできない。前にも説明したように、社会性昆虫は見事な分業を行い実に巧みな生活を送っているが、その行動のすべては遺伝子に組み込まれたもので、教育によってその行動を変化させることはできない。

肉食動物では、親が子どもに狩りの仕方を教えるし、草食・雑食性の動物でも食べられるものと食べられないものの区別を子どもに教えるようだ。だから肉食動物の場合、事故で親を失った子どもはなかなか狩りに成功できず、場合によっては生存できない例も知られている。狩りの仕方を教えることは広い意味で教育の一部だが、狩りそのものはその動物の遺伝子に組み込まれた性質・能力だから、本当の意味での教育とは言えない。

先に述べたミラーニューロンを獲得した動物は、いわゆる物真似をし、一部の動物は自己を認識できるようだが、遺伝子が持っている以上の能力を教育によって開花させることはできない。いくら幸島のサル、「イモ」がイモ洗い文化を作り出し、その文化が代々引き継がれたからと言って、時間がたてば、サルが火を使ってイモを煮るようなことは絶対にできない。

一方、言語を獲得したヒトはネオテニーの性格を持ち、学習能力が一段と高く、教育によってその能力を開花させることができる。生物としてのヒト（ホモ・サピエンス）のゲノムはほぼ4万年前には完成し、その後基本的には変わっていない。つまり遺伝的な性質は4万年前とまったく同じだが、文化の程度はまったく違う。その意味で教育の力は無限大だ。第7章で戦争と平和の話をするが、人類が戦争をするのも、狂信的なイスラム原理主義による無差別の自爆テロが起こるのも、すべて教育の結果なのだと思う。

■言語の発達〜音声言語とボディ・ランゲージ

ヒトの言葉がどのように進化してきたかは、よくわかっていない。言葉は化石に残らないから、客観的な記録が残っていない。しかし、進化論の提唱者であるダーウィンが言ったように、言語が「自然の音、他の動物の鳴き声、ヒト自身の本能的な叫び声を、記号やジェスチャーの助けを借りつつ、模倣・改良したものに起源を負っている」ことは疑いない。他の動物の個体間のコミュニケーションを研究することでも、ある程度の推測ができる。

有名なのはベルベットモンキーというニホンザルよりも少し小さく、アフリカのサバンナに住む地上性のサルだ。天敵は空から狙うワシ、地上で襲うヒョウ、そして木にのぼって襲うヘビなどだ。モンキーはこうした天敵から身を守って生きているが、特別の武器がないから、いち早く敵を発見して逃げるために警戒音（警戒コール：声をあげて仲間に知らせるシステム）が発達した。

警戒音は多くの動物が発するが、このモンキーではその警戒音が天敵によって違っている。ワシがきたときは、「ぎゃぎゃぎゃー」というように少し長めに叫ぶ。音域としては少し低めだ。ところがヒョウが来た場合には、「きゃきゃ！」と少し短めに、そしてかなり高い音で鳴く。ヘビの場合は、また別の音で鳴いて仲間に知らせるのだ。少なくとも対象別に10以上の物事を分けて発声できるという。いわば、別の物事を言い分けているので、これは語彙《ごい》にあたる。

ベルベットモンキーにはまだ文法はないが、単語を使い分けていることは明らかだ。サルの段階ですらこうしたことができるので、サルの次の段階、ゴリラやチンパンジーなどの類人猿ではさらにそうした能力が発展し、最終的にヒトが本格的な言語を獲得したのだろうと考えられている。

しかし、言葉は音声で発語するので、声帯がきちんとできていないと発音することができない。動物にはヒトのような声帯がないから、言語を発することができないので、言語能力があるかどうかを実験するのはなかなか難しい。そこで身振り手振りのようなボディ・ランゲージ、場合によってはそれを発展させて、手話を使って言語能力を見極めるやり方や、前にチンパンジーのアイのところで述べたように、コンピューターと連動したモニターにさまざまな図形、シンボル、パターンを利用して心や知的能力を探る研究が始まったのだ。

■言語は敵・味方を見極めるために分化した

今でも昔ながらの原始的な狩猟採集生活を送っているパプア・ニューギニアの原住民の文化や生活を研究したところ、おたがいに独立した８００もの部族が別の言語を使用して、隣接しながら対抗して生活していることがわかった。なぜこんなにもたくさんの言語があるのだろうか。それは出会った相手を身内・仲間か、他人・よそ者かを区別するためだという。ヒトが社会生活をする上で対人関係をどうするかは非常に大事だ。集団内に属する人間か、それとも集団に属さない人間か、そのいずれかによって相手への行動を変えなければならない。

身内かよそ者か、仲間か敵対者か、それを判断する基準は、第1に外見、容貌、服装や装飾品などの見かけだが、次に大事なのは言葉だ。言葉は見かけと同様に相手を見極める手段として非常に大事なのだ。言葉が同じであれば同じ仲間、言葉が違えばよそ者、場合によっては敵、ということになるからだ。パプア・ニューギニア高地のような比較的狭い地域に、さまざまな部族が縁を接して生活している環境では、敵か味方かを瞬時に判断することがどうしても必要で、相手を正確に見極めるために言語が細かく分かれていったのだろうと推測されている。

言語には、相互のコミュニケーション以外にも、相手を判断する、つまり相手が敵か味方か、を見極める機能も大事なのだ。江戸時代の方言もそのように使用されたと言う。たとえば、江戸や京都で使用されていた言葉とはかなり異質の薩摩弁《さつまべん》は、薩摩藩に入った密偵を見つける機能があったと言われている。だから、明治時代になり近代国家を建設する途中で軍隊の指揮系統を画一化するために共通語が作られた。

■音声言語と文字の関係

ヒトが言語を獲得してから、お互いのコミュニケーション能力が飛躍的に増大した。しかし、言葉ができたことと、文字があるということは基本的に違っている。言葉でコミュニケーションをはかる音声言語はすべての民族にあるが、文字を持つ民族の数はそう多くはない。3分の2の民族はもともと文字を持っていない。

本格的な音声言語が出来上がったのは、10万年から5万年以上も前のことだろう。はじめは単なる雄叫びやほかの動物の物真似だったかもしれないが、時間とともに語彙も増え、単純なものから複雑なものへ、文法も不完全なものから完全なものへと進化し、次第に豊かな表現ができるようになった。第3章でも説明したように、3万7000年前くらいには絶滅したネアンデルタール人も言語を使っていたようだ。

共同で狩りをするために身振り手真似でコミュニケーションをはかる、雄叫びを上げて集団の結束をはかり、雰囲気を盛り上げることから始まり、次第に相手との交易に言葉を使う、感情をやり取りする、過去・現在・未来を考える、というように洗練されていったのだろう。

しかし、文字が出現するのは、後で述べるように今から約5000年前だ。つまり、ヒトは人になってから何万年もの間、文字なしで生活してきたのだ。文字を使うようになってからわずか5000年しか経っていない。別の言い方をすれば、文字はなくとも日常生活には困らないということだ。

古代日本人も文字を持っていなかった。中国との付き合いが始まった古墳時代（4世紀頃）に文字が入ってきた。当時の人々の間でコミュニケーションのために使用されていた言葉（原日本語）を、中国から輸入した漢字で表記していたものが、工夫によって万葉仮名を作り出し、次第に平がな、カタカナが作られていったのだ。

そうした文字を持たない民族では、民話も神話もすべて口承文学で、口から口へと伝わっていった。有名な『古事記』も稗田阿礼《ひえだのあれ》が暗唱して次世代に伝えたものを太安万侶《おおのやすまろ》が漢語で書きとめたものだ。

身近な例では、北海道を中心に住んでいたアイヌ民族は独自の文字を持たなかったが、ユーカラという非常に芸術的な民族伝承の文学を残している。「ヒトが人になる」過程で言語の獲得が一番大事だったが、文字の発明はそれほど重要ではない。

■文字の発明

ヒトの文化が進化していく過程で、文字が作られた。もともとは絵文字が最初だったのだろう。古代エジプトのヒエログリフ（ある種の象形文字、紀元前3000年頃）やメソポタミアのシュメール文字（楔形文字《くさびがた》、紀元前2600年ころ）などが有名だ。中国の漢字は紀元前16世紀頃（殷《いん》王朝初期）に成立したが、およそ紀元前6000年までさかのぼる後期新石器時代の中国の原文字体系から発祥したと言われている。

このように世界の４大文明と言われる古い文明で、多分独立して文字が生まれた。つまり、ヒトが文字を獲得するには非常に長い時間がかかったが、歴史的に必然的なことだった。今でも使われているアルファベットの原型であるフェニキア文字が作られたのは、紀元前１０００年のことだ。

なぜ文字が必要なのだろうか。それは、音声言語は記録ができず、言った端から消えていく運命にあるからだ。その瞬間のコミュニケーションはとれるが、その内容を正確に保存することはできない。情報の保存のために文字が作られたのだろう。

農業が発達し、私有関係がはっきりして都市国家が発展する中で、お互いに証拠を残すことが大事になった。まず、私有制度の基本である誰の財産であるかを示す印章が作られ、私有関係を記録するために文字が発達した。さらに、社会生活を維持する上での法整備が必要となり、紀元前１８００年ごろに、「目には目を、歯には歯を」で有名なハンムラビ法典が生まれた。

面白いのは文章の書き方だ。日本語はもともと漢字から来たので、上から下への縦書きで、行は右から左へとつづっていく。英語をはじめとする多くのヨーロッパ言語は、左から右への横書きで、行は上から下へと書き続ける。しかし、場合によっては、右から左への横書きという中東のアラブ文字もあり、文字の書き方は実に多様だ。

その中でも、古代では横書きの文字を最初の行は右から左へ書き、端まで行き着くと次の行は左から右へと書き綴る書き方もあった。ウマやウシに引かせた鋤《すき》で畑を耕すときには、最初は右から左へ耕し、次に方向転換して左から右へと耕すので、こうした書き方を牛耕式と言う。

この書き方は、大きな石碑に文字を彫り込むときに、脚立に乗った彫師が鑿《のみ》と槌《つち》で右から左へと文字を彫り続け、石碑の左端にたどり着いたら、そのまま下の行を左端から右へと彫り進んだことによるものだと考えられている。行が変わった時に、脚立をもう一度右に戻すのは時間と労力のむだだから、それを節約するための方法だったのだろう。

一時期のプリンターの印字方式がこのやり方を使っていた。今でも、文字を覚えたての子どもが文章を書くときに行っているものだ。子どもは意識せずに一番簡単な、最も合理的な方法で文字を書いているのだろう。動物発生学の分野では「個体発生は系統発生を繰り返す」という有名な言葉があるが、まさにそのとおりだ。

第6章　ヒトの心の進化

「ヒトはなぜ争うのか」を考えるときには、ヒトの心がどのように進化してきたのかを考えることが必要だ。この章では、ヒトの心の進化の道すじを考える。700万年前には野生動物だったヒトが、20万年前くらいから本格的な人になってきたが、「ヒトが人になる」にあたって何が重要だったのかを考えることは、人類の今後を考える上でも重要だろう。

精神医学や心理学では、ヒトの心は以下の7つの要素、つまり意識、知覚、思考、感情、意欲と行動、記憶、知能からなっているという。こうした7つにまとめられる心の作用も、すべて脳の神経細胞の活動の結果だ。この章では、こうした心がどのように進化してきたのかを考える。

ヒトは恋愛をし、家族のために働き、世の中を良くしようと奮闘し、ある人は政治家になり、実業家になり、またある人は宇宙について考え、芸術家になってきた。「ヒトが人になる」に従ってヒューマニズムを発達させ、人類愛を形成し、宗教も作り出した。

チンパンジーが一番ヒトに近い動物だが、そうした動物の心がどう変化してヒトになっていったのか、動物進化の歴史を振り返りながら、ヒトの心がどのように進化してきたのかを考える。

■喜怒哀楽はヒトだけのものか

生まれたばかりの赤ちゃんは、おなかがすくと泣いて母乳をほしがる。母乳を飲むと満足してすやすやと眠る。こうした行動は誰にも教えられずに本能的に生じる。他の動物もまったく同じだ。ヒトの心の7つの要素のうちの「知覚」つまり視覚、聴覚、味覚などはイヌなどの動物でもよく発達している。大脳新皮質が発達していない魚類でも、こうした感覚は非常によく発達している。サケなどは嗅覚《きゅうかく》を頼りに生まれた川に帰ってくるわけだから、ヒトの何万倍もの能力があるとされている。

「感情」つまり喜怒哀楽と言われるものも、多くの動物が持っているものだ。イヌにしてもオオカミにしても喜んだり、怒ったりその感情をはっきり表すことができる。さらに、「意欲と行動」と「記憶」も多くの動物が持っている。

問題なのは「知能」というものだ。普通、知能という言葉は動物には使われずに、ヒトに特有のものと考えられているが、その定義を「個人(個体)が環境に適応する能力」とすれば、多くの動物も環境に適応する能力を持っているので、知能もヒトに特有のものではない、動物も持ち合わせていると考えてよいだろう。

そうすると、ヒトに特徴的なものとして「意識」と「思考」が残る。動物が自分を意識する、自意識を示すことはないようだし、言語を利用した論理的な思考をしているとは思えないので、これが動物とヒトとを区別する大きな違いと言えるかもしれない。しかし、チンパンジーやイルカは手話を理解して、人とコミュニケーションができるから、言語の萌芽みたいなものも認められる。

■神経細胞の興奮伝達の仕組み

ヒトの意思と思考を作っているのはすべて脳の活動だ。非常に簡単に言えば、神経細胞の信号のやりとりだ。まず、神経細胞がどのように信号をやりとりしているのかを簡単に説明する。

神経細胞は、神経細胞本体、樹状突起《じゅじょうとっき》、そして軸索《じくさく》（アクソン）という3つの部分からできている。神経細胞本体が興奮すると、その興奮は電気信号として軸索を伝わり、次の神経細胞に信号が伝達される。

軸索の末端には、シナプスという特殊な構造がある。2つの神経細胞同士はこのシナプスという構造で連絡し、そこを介して次の細胞へ信号が伝わるのだ。シナプスにはシナプス小胞という小さな袋があり、それに神経伝達物質が含まれている。神経細胞が興奮すると軸索の先端からシナプス小胞が放出され、神経伝達物質が相手の神経細胞の膜に到達する。そこには神経伝達物質を受け取る「受容体」という装置があり、その受容体に神経伝達物質が結合すると次の神経細胞へと信号が伝わる。

神経伝達の仕組みを単純に説明すればそのとおりだが、実際の脳の中で起こっていることはもっと複雑だ。軸索の先は長い指のような多数の突起となり、次の神経細胞へ連絡している。1個の神経細胞に対して、何種類もの神経からの突起が5000個〜1万個の単位で結合している。大脳には1000億個の神経細胞があり、その神経細胞1個1個が、1万個の指のような突起で連絡し合っているので、その情報伝達の複雑さは無限になる。だから、大脳の活動の詳細を調べるというのは、今の技術では大変難しいわけだ。

脳の神経細胞にはいろいろな種類があり、その神経細胞ごとに神経伝達物質が決まっている。代表的な神経伝達物質はアセチルコリン、ドーパミン、ノルアドレナリン、セロトニンなどだ。

アセチルコリンは、運動神経の末端から放出されて筋肉を収縮させる物質として有名だ。昔から矢毒として使われるトリカブトやヤドクガエルの毒、そして嚙まれると命を落としかねないヘビ毒などは、アセチルコリンの放出を抑えたり、受容体との結合を阻害するなどの方法で筋肉収縮を抑制するものだ。ドーパミンは、これが不足するとパーキンソン症になると言われ、最近注目を集めている神経伝達物質だ。このように多数ある神経伝達物質の中で、記憶をつかさどる海馬《かいば》の神経細胞では、グルタミン酸というアミノ酸の一種が神経伝達物質として使用されている。

■記憶は海馬にためられる

脳の活動の中で、最も研究が進んでいるのは記憶の研究だ。

記憶は研究者によっていくつかに分類されている。単純に「短期記憶と長期記憶」に分ける人もいれば、「作業記憶と参照記憶」という分類もあるし、場合によっては「陳述記憶と手続き記憶」

という概念で研究している人もいる。一番わかりやすいのは短期記憶と長期記憶だから、この本ではそれを使う。

その短期記憶は、海馬《かいば》という脳の一領域に蓄積されることがわかっている。「海のウマ」と書いて海馬だが、英語でいうとタツノオトシゴのことだ。大脳の中にある小さな部域で、ヒトの場合は小指ほどの大きさだ。左右に一対、大脳の奥深くに守られて存在している。

この海馬が記憶に関係しているという研究の発端は、てんかん患者の脳手術だった。てんかんという病気は重いものから軽いものまでいろいろあるが、発症率は1％くらいの普通にみられる病気だ。その症状が重いと痙攣《けいれん》がおきたり失神したりするので通常の生活ができない厄介な病気だ。自動車運転中にてんかん発作が起きて事故を起こしたなどと報道されるが、今ではよい薬が開発されたから、きちんと通院治療すれば普通の生活を送れるようになった。しかし、昔は研究が進んでおらず、治療のない状態が続いた。

その中で、大脳にメスを入れてさまざまな精神病を治療する研究が始まり、いわゆるロボトミーが行われた。脳の一部を切除したり、神経線維を切断する手術だ。もともとは、チンパンジーの前頭葉にメスを入れたら非常におとなしくなったという研究が発端だ。精神病の患者にはいろんな種類があるが、場合によっては凶暴な患者もいる。その治療として脳の一部にメスを入れることが始まった。メスを入れれば非常におとなしくなる、見かけ上は症状が改善されたということで、ロボトミー手術を始めた医者、ポルトガルの外科医モニスにはノーベル賞が授与された。１９４９年のことだ。

ロボトミーをすると劇的に精神病が改善されるというので、世界的に数多くのロボトミー手術が行われた。しかし、ロボトミー患者が人格をまったく失い、場合によっては廃人のようになってしまうことも多いので、次第にやられなくなっていった。だから、あのノーベル賞は間違いだったのではないか、と言われているものだ。日本でも、１９７５年には日本精神神経学会が、精神医学の治療行為としてのロボトミーを禁止することを決めている。

１９５０年代のアメリカで側頭葉性のてんかん患者の治療のために、ロボトミーで海馬を手術した患者は、てんかん症状はまったくなくなった。同時に短期記憶がなくなり、新しいことは覚えられない状態になった。しかし古い記憶は残っていて、自分の名前や過去のことは鮮明に思い出せるし、さらに面白いことには新しいことでも体を動かして覚えることはできたと言われている。それまで経験したことのない自転車に乗ることを覚え、テニスもできるようになったという。

このことから、記憶にはいろいろな種類の記憶があること、その記憶が海馬という小さい領域で作られることなどがわかってきて、一気に注目を集めた。

短期記憶がなくなることは、脳梗塞などで脳に障害が起こった患者でもよく知られている。海馬に障害を受けた人は、人格も他の能力もまったく変化せずに、短期記憶だけが失われることがある。

■記憶をつかさどる遺伝子

多くの動物は記憶する能力がある。脊椎動物の進化の順序で言えば魚類、両生類、爬虫類でも原始的な記憶はあるようだ。前に述べたサケは自分が生まれた川（母川）の匂いを記憶していて３～４年後に帰ってくるわけだから、魚類にも記憶の仕組みはある。しかし本格的な記憶は、トリや哺乳類になってからで、その結果学習が可能になる。

記憶がどのように形成されるかは大変難しい問題で、その研究にはさまざまなアプローチがある。そのひとつとして記憶に関する遺伝子を調べる研究が進んでいる。ヒトでは遺伝子を操作する実験ができないので、多くの実験はマウスで行うのが普通だ。

ここでは日本人ノーベル賞受賞者である利根川進さんたちが行った、神経細胞のシナプスの伝達に関係した部品を壊す実験を紹介しよう。

利根川さんは１９７０年代に、免疫細胞がどのようにして抗体を作るかを世界に先駆けて明らかにしてノーベル賞を受賞した。受賞後は、免疫よりももっと難しいこと、最後の科学的フロンティアに挑戦しようということで、大脳の働きを遺伝子レベルで研究する方向に転換した人で、本当の天才と言っていい人だ。

利根川さんは遺伝子工学が専門で、免疫の仕組みを遺伝子操作の技術を使って調べたが、その手法をネズミの脳の神経細胞の研究に使用した。特にマウスの遺伝子を操作して、その結果記憶がどのように変化したかを調べた。

ある特定の遺伝子を働かなくする操作（遺伝子ノックアウトという）の実験だ。ある特定の遺伝子をノックアウトした個体は、その遺伝子が作るはずのタンパク質ができないから、さまざまな異常が現れる。その異常を観察することで、その遺伝子がどのような働きをもっているかを推定するのだ。利根川さんたちが最初にやって成功したのは、カルシニューリンというタンパク質をなくした「カルシニューリン欠失マウス」を作ったことだ。

■カルシニューリン欠失マウスの実験

マウスには言語がないので、言葉による記憶を調べることはできない。チンパンジーくらいになると、言語の初歩的な段階があるから、手話やモニターに映したシンボルを用いて、記憶や概念の操作、それをどう理解しているかなどの能力を調べることができるが、マウスの場合はそうした研究はできない。単純に餌を探すというような空間的・地理的な記憶を、迷路を使って調べるしか方法がないのだ。

記憶は大きく分けて短期記憶と長期記憶に分けられるが、その記憶を遺伝子操作したマウスで調べた。遺伝子を壊してカルシニューリンというタンパク質のないマウスを作ると、その結果いわゆる短期記憶が大幅に低下した。

正常なマウスは、餌をさがすときに一度訪れて餌を食べてしまった場所にはもう餌がないことを覚えているから、回数を重ねるとその場所には行かない。ところが、遺伝子操作されたマウスは何度も同じ場所に行ってしまう。

正常なマウスも、最初は餌がどこにあるかわからないから、何度も失敗するが、実験ごとに成績がよくなって、同じところへ行く回数が減っていく。このように正常なマウスは餌の場所を覚える能力が高いが、カルシニューリン欠失マウスは、食べた餌の場所をすぐに忘れてしまうので、何度も同じ場所に行ってしまう。つまり、短期記憶が悪いということが世界で初めて証明された。

カルシニューリン遺伝子というたった1個の遺伝子をつぶすことで、こんなに明白な結果が出たのは驚くべきことだった。記憶という脳の非常に高度な働きも、特定の遺伝子と関係しているということが、はっきりと確かめられた画期的な研究だ。

しかも、面白いことにカルシニューリン欠失マウスは、長期記憶がほとんど変化しない。一度覚えたらその記憶は長期に保たれる。その長期記憶が、実験動物も正常動物もまったく差はなかった。簡単に言えば、短期記憶がだめでも1回覚えてしまえば長期記憶は大丈夫だ、という結果だ。

ヒトの場合も、短期記憶と長期記憶は違ったものだと言われているが、マウスでも餌を採りに行くときの短い間の記憶と、少し長期の記憶がちがった仕組みで作られていることがわかったのだ。

■大人になると記憶力が低下する理由

多くの人が経験することだろうが、年をとると物覚えが悪くなる。子どものころは何の苦労もなく覚えられたのが、年をとるとどんどん忘れるし、新しいことは覚えられない。特に、人の名前が出てこない。顔は思い浮かぶが、その人の名前が出てこないということがしばしば起こる。

その説明として3つの考え方があった。

ひとつ目は、大人になると覚えることがたくさんありすぎて脳が飽和してしまう、新しいことが入る余地がなくなるために物が覚えられないという説明だ。年寄りの言い訳としてはいかにもありそうなことだが、この説は今ではあり得ないということになっている。最近の脳科学の知見によれば、脳の能力は計り知れないものがあり、今使っているのは全体の2％程度で、いくら使っても簡単には飽和しないという。

2つ目は、脳の神経細胞は時間とともにどんどん減っていくので、大人になると物覚えが悪くなるという説だ。以前はこの説が有力だと考えられていた。ヒトの体を作っている細胞はどんどん分裂するが、脳の神経細胞は分裂しない。もし赤血球のように毎日新しい細胞ができてそれに置き換わっていくと、人格もどんどん変わってしまうので、脳の神経細胞は分裂しないのだ。分裂をしないうえに、1日に10万個のオーダーで死んでいく。だから新しいことは覚えられないし、忘れっぽくなるという説で、なかなか説得力のあるものだ。

ところが、脳の神経細胞の多くは分裂せずにどんどん死んでいくが、記憶を作っている海馬の神経細胞だけは分裂するということが最近わかってきた。海馬の細胞は他の脳の神経細胞のようには減ってはいかない。だからこの説も説得力を失った。

最後に残ったのが、神経細胞の構造自体が違ってくるという説だ。大人と子どもの記憶力に違いがあるのは、神経細胞のシグナルの伝達の仕組みに大きな違いがあるというのが最近の説だ。あまり知られていないものなので簡単に説明しておこう。

記憶が作られる海馬の神経細胞の伝達物質は、前述したようにグルタミン酸だ。グルタミン酸がシナプスの末端から放出されると、受け取る側の細胞表面にある「グルタミン酸受容体」がそれを受け取る。そのグルタミン受容体は、2種類のタンパク質が2分子ずつまとまって、結局4つの分子からできている。その形はドーナツのように真ん中に穴が開いていて、その穴の中をイオンが通ることで神経の興奮が次の細胞へと伝わるのだ。グルタミン酸が受容体に結合すると、ドーナツの穴が開いてイオンが通り信号が伝わるが、そのグルタミン酸受容体の性能が、大人と子どもで違っている。

■「老人力」にも生物学的な意味がある

昔、味の素（グルタミン酸）をとれば頭がよくなるという俗説が流行《はや》った。その根拠とされたのが、記憶を作る海馬の神経細胞の伝達物質がグルタミン酸だということだ。アミノ酸は分解されてしまうから、食べただけで頭がよくなるはずはないが、一時期は大流行だった。

では、どうして大人になると記憶力が落ちるのか、逆に言えば子どものころは記憶力がよいのかを考えてみる。

グルタミン酸受容体の部品（タンパク質）には大人用の２Aというタイプと、子ども用の２Bというタイプがあり、時間がたつにしたがってこの部品が子ども用から大人用へと変わる。大事な点は、タイプ２B（子ども用）の方が効率がよいということだ。効率がよいので、わずかな量のグルタミン酸がやってきても簡単に信号が伝わる。子どもは２Bを使っているので記憶力がよい、大人になると２Aに変わるので少し記憶力が落ちるのだ。

こうしたことは、グルタミン酸受容体の部品を置き換える遺伝子操作の研究で知ることができる。大人のネズミに子どものタンパク質（２B）を発現させた遺伝子組み換えマウスは、短期記憶も長期記憶もよくなった。スマートマウス（頭のよいマウス）として有名になった。遺伝子組み換えマウスと普通のマウスは、グルタミン酸受容体のタンパク質が違うだけだから、大人のマウスでも子ども用の受容体を使用すれば記憶が改善される。やはり、受容体のタンパク質が子ども用から大人用へと変化することで、記憶力が落ちるのは間違いない。

年齢と共に記憶力が落ちるという私たちがいつも経験していることが、どうやら神経細胞のシナプスにある受容体が子ども用から大人用へと変化することによって起こっているらしい。実は、こうしたことも進化上の意味があるのだ。

なぜ、ヒトの成長と共にタンパク質が変化するのかを考えてみよう。

成長に伴ってタンパク質が変わることとは、たとえば赤血球に含まれるヘモグロビンの例が有名だ。ヒトのヘモグロビンは、胎児型、幼児型、成人型と3段階で変化する。なぜ、このようなことが起きるのだろうか。

胎児は母親のおなかの中にいて、母親の赤血球から胎盤を通じて酸素を受け取る。母親の赤血球は胎児の血液には入れないので、何とかして母親の赤血球に結びついている酸素を、胎児の赤血球に移さなければならない。もしも、胎児と母親の赤血球のヘモグロビンが同じ酸素結合力であれば、胎児は酸素を受け取りにくい。だから胎児がちゃんと酸素を受け取れるように、ヘモグロビンの酸素結合力が変化する。

胎児の赤血球に含まれるヘモグロビンの方が、母親のヘモグロビンよりも酸素への結合力が強い。発生が進むにしたがって、胎児型ヘモグロビン、幼児型ヘモグロビン、そして成人型ヘモグロビンと段階を経て変わっていくのはそのためだ。哺乳類はすべてこうした仕組みをもっている。そうしなければ呼吸がうまくできない。

記憶に関する受容体のタンパク質が、小児型から成人型へ変わることも生物学的な理由がある。一般的な動物では、もし老齢個体が若いものより記憶がよければ、エサ取りの時に若いものより有利になる。ただでさえ経験を積んでいる老齢個体は有利なのだが、さらに記憶もよいということになれば若い個体は太刀打ちできず生きていけない。こうしたことを避けるために、老齢になれば記憶力を悪くする仕組みがある。

だから一般に言う「老人力」というのも、生物進化的に言えば意味のあることなのだ。

■人類愛とヒューマニズムの起源

脳を極限まで発達させたヒトの特徴は何だろうか。それは、隣人愛、他人に対する愛情だろう。博愛主義、ヒューマニズムと言っていいかもしれない。ヒューマニズムとは英語のヒューマン、つまり人間のことだから、こうしたことは人間にだけ生じる感情で、イヌやネコ、ライオンやトラにヒューマニズムがあるとは誰も思わない。

しかし、個人的に相手を思う気持ちは、多くの動物で見られる。夫婦の細やかな愛情はトリを観察すればよくわかる。多くのトリは一夫一妻制で、夫婦で子どもを育てるし、その夫婦の愛情は見ていても驚くほどだ。ヒナのために懸命になって餌を運ぶ姿は誰でも知っているとおりだ。多くの哺乳類の親も自分が食べずにやせ細っても献身的に子育てをする。天敵に襲われそうになった時は、自分の身を挺して子どもを守る。

こうした行動は遺伝子に組み込まれた行動で、誰に教えられるわけでもなく、生まれついた本能的な行動だ。哺乳類や鳥類でなくても、多くの動物の親は子どもを献身的に育てる。たとえば、タコの親が自分の卵が孵化するまで、何も食べずに懸命に水流を起こして酸素を供給する、あるサカナの親が自分の口の中で稚魚を育てるなど、全力を挙げて卵を守る。見ていても涙ぐましいような努力をするのが普通だ。

なぜ親は子どもを懸命になって育てるのだろうか。それは、子どもが自分の遺伝子を半分引き継いでいるからだ。親が子どもを守り育てるというのは、結局自分の遺伝子を残し、広げることにつながる。つまり、生物は第1章で説明したように繁殖成功度を上げるために生きているわけだ。

ところが動物によっては、自分とは直接血のつながらない他人（他個体）を助けたり、自分を犠牲にしてまで尽くす例が知られている。他人の利益のために行動するというので、利他行動という。多くの動物は自分（と自分の子孫）の利益のために利己的に行動すると考えられるが、場合によっては他人のために尽くす利他行動も知られている。

その代表がミツバチの利他行動だ。ミツバチの働き蜂は女王の世話をしたり、自分の子どもではないのに幼虫の世話をしたり、すべて他人のために生きているようなものだ。働き蜂は自分を犠牲にしてまで、なぜあれほど献身的に働くのか、昔はその生物学的な理由がよくわからなかった。その理由は、これから述べる性決定の仕組みにあることがわかってきた。

■ミツバチの利他行動

ミツバチは、女王と働き蜂、オス蜂の3つのカーストからなっているが、女王と働き蜂は性的にはメスだ。オス蜂だけが文字通りオスで、女王と交尾をして次の世代を作る。このオス・メスが、染色体のセットの数で決まるのだ。

まず染色体のセット数というものを説明しよう。受精卵は卵子と精子が合体してできる。母方から来た染色体と父方から来た染色体が一緒になるので、染色体のセットが2セットあり、これを2

図9　ミツバチ（A）とヒト（B）の性決定の仕組みの違い

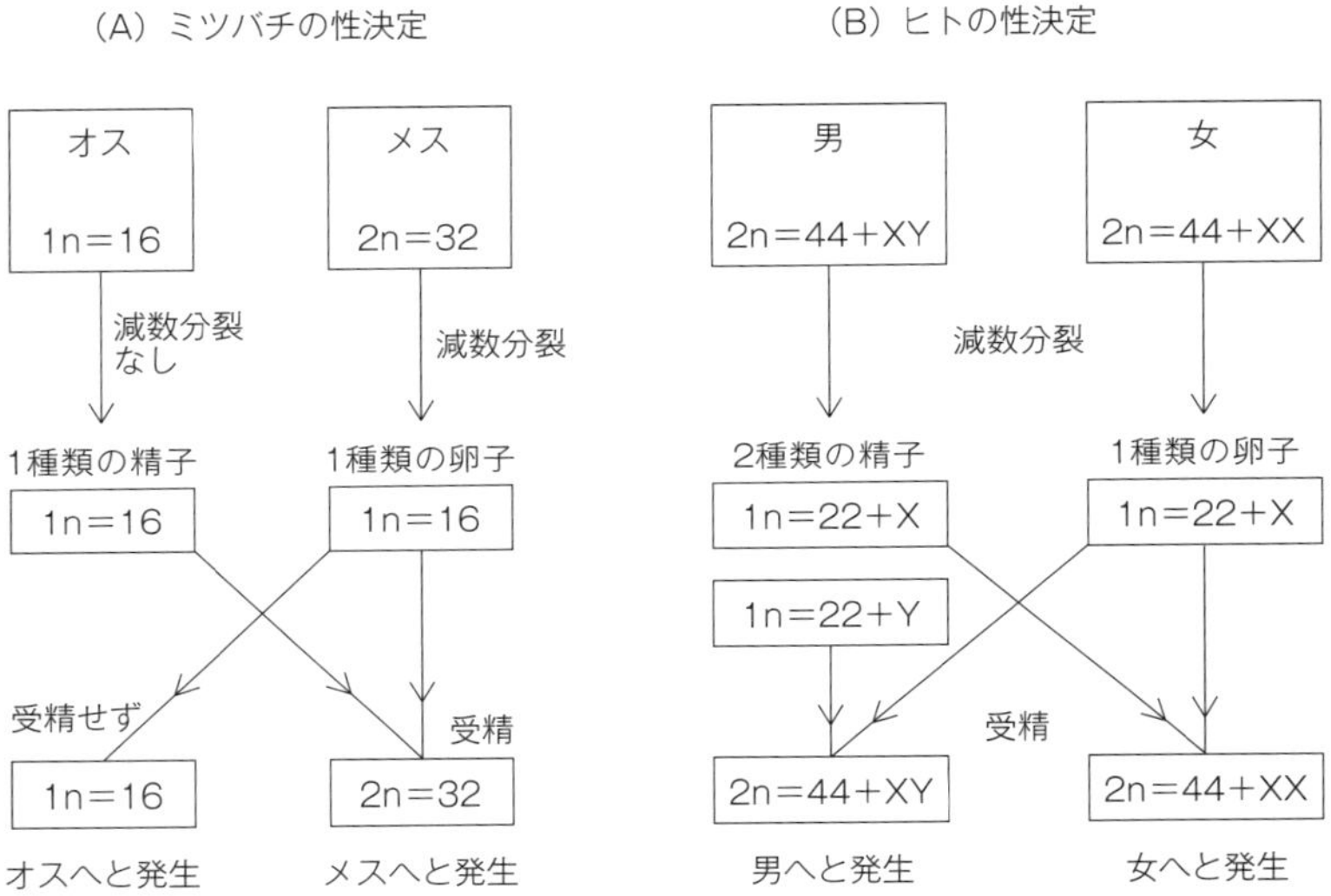

ヒトは性染色体によって性が決まるが、ミツバチには性染色体は見られず倍数性によって性が決まる。受精卵（2倍体）はメスへ、未受精卵（1倍体）はオスへと発生する。

倍体（2nと表記する）という。それに対して、未受精卵は母方の染色体しか持っていないので、染色体のセットが1セットしかない（1倍体、1nと表記する）。

ミツバチの場合、女王と働き蜂は受精卵から発生するので2倍体だ。2倍体の個体はすべてメスになる。女王も働き蜂も遺伝的にみればメスだが、当然女王は生殖能力があり、もっぱら卵を産み続ける。しかし、働き蜂は同じメスでも生殖能力はなく、卵を産むこともできない。

一方のオスは1倍体だ。つまり未受精卵から発生した個体は全員がオスになる。未受精卵とは文字通り受精しなかった卵だが、受精しなくとも発生を開始して、幼虫になり、変態して親のミツバチになる。受精しなかった卵は全員がオスになるのだ。実に不思議なことだが昆虫の世界ではよくみられることだ（図９）。

こうした事情が、働き蜂が自分を犠牲にしてまで働く理由だ。先ほど述べたように利他行動だ。これがどのように進化してきたか、以前はなかなか説明ができなかったが、いまやこの性決定の仕組みがわかって完全に説明ができるようになった。

女王はメスで2倍体（２ｎ）だが、女王が生む卵は減数分裂で半分（１ｎ）になる。一方、オスは体全体が1倍体（１ｎ）の細胞でできているから、そのオスが作る精子は、減数分裂をせずに生じ1倍体のままだ（図９Ａ）。つまり卵子は母親の遺伝子の半分（50％）しか引き継がないが、精子は父親の遺伝子の１００％を引き継いでいる。その両者が合体してできる受精卵から発生する子どもたち（つまり働き蜂）は、メス親からは50％の遺伝子、オス親からは１００％の遺伝子を引き継ぐことになる。

ヒトのようにオス親もメス親も2倍体の生物では、卵子も精子も減数分裂を経て作られるから（図９Ｂ）、子どもは両親の遺伝子の半分ずつを引き継ぐ。この場合、子ども同士は平均して2分の1の遺伝子を共有する。

しかしミツバチの場合、子ども（働き蜂）同士は平均すると4分の3の遺伝子を共有することになる。つまり、自分の遺伝的な価値（遺伝子の総量＝１・０）は2匹の姉妹（4分の３×２匹＝１・５）よりも小さい。だから働き蜂の場合、自分を犠牲にしても姉妹を育てるほうが自分の遺伝子を広げるのに役立っているのだ。それがミツバチの利他行動の背景にある。血の濃さ（血縁度）によって行動パターンを説明することができるので、これを血縁選択説という。

■他人よりも血縁が大事～血縁選択説

私たち人間のようにオスもメスも2倍体の細胞からできていて、精子・卵子を作るときに減数分裂をする動物では、どんな子どもでも父親と母親から半分ずつの遺伝子をもらうので、親子・兄弟はそれぞれ2分の1の遺伝子を共有している。このことを遺伝子の量で考えると、兄弟姉妹が2人いれば自分ひとりと同じことだ。つまり、兄弟姉妹が2人助かるのであれば自分の命はそれと引き換えにしても同じことだ。ところが、ミツバチの場合、自分が死んでも、姉妹が2匹助かったほうが都合がよいのだ。

生物は個体レベルで他の個体を助けたり、助けられたりする行動がしばしば観察される。関係する個体間に深い血縁関係があれば、先ほど述べた血縁選択説による説明が可能だ。たとえば子どもが2人助かるとすれば自分が犠牲になってもよい、遺伝子的には自分と子ども2人は同じ価値なのだ。これをさらに広げれば、兄弟姉妹が2人、場合によっては甥《おい》・姪《めい》が4人、またはいとこが8人生き残れば、遺伝子のレベルで考えれば、自分が生き残ったのと同じことだと考えることができる。つまり、血縁集団では、自分を犠牲にしてでも他の個体を助けるという利他行動も説明できるし、集団ごとに協力し合い助け合って生きていく理由が説明できる。

たとえば、あるトリの仲間ではオスが生まれた巣に留まり、ヘルパーとして親の繁殖を手伝うことがある。つまり弟妹の世話をするが、自分を犠牲にしてヒナの世話をするわけだからある意味での利他行動だ。もし、自分の両親がその弟妹の両親とも同じであれば血縁度2分の1の個体に対する利他行動となる。しかし、一方の親が死ぬなどして別の個体に入れ替わると、世話の相手は異母または異父の弟妹となり、血縁度は4分の1に下がる。観察によれば、助ける相手の血縁度が下がるほど、ヘルパーをやめて巣を離れる確率が高くなることがわかっている。血縁度が高い相手に利他行動を向ける行動は、他のトリでも確認されている。このように野生動物でも、血の濃さを見極めて行動することがあるのだ。しかし、血縁関係がない場合の協力関係や、赤の他人に対する利他行動はどのように説明できるのだろうか。

■他人でも助ける～互恵的利他行動

多くの動物では、血縁関係にない個体同士の利他行動もみられる。自分の生存に不利になるような利他行動はなぜ進化しえたのか、以前から議論があった。ミツバチなどの利他行動は単純な血縁関係で説明されるが、霊長類などの動物では血縁関係のない個体が互いに協力し合って生活することも普通だし、後で述べるコウモリなどの社会性の動物では、あたかも全体の利益のために行動することがある。場合によっては生物の種を超えた共生関係も生まれた。

これを説明するひとつの考えかたを互恵的利他主義という。簡単に言えば「今、あなたが私のために何かしてくれれば、次の機会に私があなたにお返しをする」という関係だ。つまり、あとで見返りがあると期待されるために、ある個体が他の個体の利益になる行為を即座の見返りなしでもとる利他的行動のことだ。

互恵的利他行動のわかりやすい例は、チスイコウモリの血液のやりとりだ。チスイコウモリは集団で洞穴などに住み、夜間に他の哺乳類などの血を吸って生活している。しかし、その夜に全部の個体が十分に血を吸えるわけではない。約20％の個体はまったく血を吸うことができずに夜明けを迎えるという。吸血できないことはチスイコウモリにとって致命的で、場合によっては死につながる。この場合、血を十分に吸った個体は、飢えた仲間に血を分け与えることが知られている。まったく血縁関係のない個体にも血を分けるのでいわゆる利他行動だ。

なぜこうした行動が進化しえたのだろうか。それは、「今日は運が悪く飢えてしまったので血をもらうけれど、明日は十分に血を吸えたらそれを他人に与える」という互恵関係にあるからだ。集団の中にいる少数の個体が飢えていて、多数者が満ち足りている状況ではこうした関係が成り立つ。受益者の利益（飢えている個体が血をもらうことで生き延びる時間）は、負担者のコスト（血を与えることによって縮まる生存の時間）を上回るからだ。しかし、血を吸えなかった個体が多数いるような状況では、こうした関係はうまくいかない。そうしたケースでは、負担者のコストが受益者の利益を上回ってしまうからだ。

■ただ乗り（フリーライダー）防止策

「ヒトが人になる」過程で、互恵的利他行動はどのようになっていたのだろうか。

初期の狩猟採集民族においては、友好関係にある相手に、事前に何かしらの交易・貿易をしておいて、食料がないときはその相手から食料を分けてもらう、ということがある。まるで先に述べたチスイコウモリのようだ。これが人間社会の互恵的利他行動の始まりだろう。

互恵的利他行動が行われる社会では、返礼をしない個体はいずれ仲間からの援助を失い、群れから追い出される仕組みも発達する。世の中にはいろいろな個体がいるから、場合によっては、「ずる」をしてうまい汁を吸おうとすることも考えられる。互恵主義者がそうしたずるをする個体（非互恵主義者）による搾取を避けるためには、「ただ乗りをする個体（フリーライダー）」を特定し、記憶し、罰するメカニズムがなければならない。

ただ乗り個体（フリーライダー）がいると、助け合いをしても一方的に損なので、助け合いは成り立たなくなる。そのため、フリーライダーを追放するか、場合によっては罰を与えるというシステムが発達する。人間社会では法整備が進んで、ごまかしたり、ずるをしたりすると社会的に罰せられるシステムが発達しているが、生物学的にもそうした基盤があるのだ。

ヒトの心の進化の側面でいうと面白いのが、互恵的行動は公平性とつながっているということだ。ヒトは公平な他者に対しては共感を覚えるが、不公平な他者には共感は働かず、罰が与えられると安心するのだ。互恵的利他主義とそこから要求される公平性は、ヒトの共感と罰に影響を与えている。これが後に述べる人の道徳や倫理の基礎になっている。

より身近な例はインターネットのファイル共有コミュニティーに見られる。他者からダウンロードしたファイルを独り占めにして自分だけが楽しみ、それを共有することを拒否する人はヒル（ただ乗りして血を吸う）と呼ばれ仲間から嫌われる。そのような「ただ乗り個体」の情報は参加者の間で共有されて、コミュニティーへの参加を拒否されるのが普通だ。

■ヒトの犠牲的利他行動と人類愛

互恵的な利他行動は多くの動物にみられる行動だが、ヒトの場合は互恵的な利他行動だけでは説明できない犠牲的な利他行動もみられる。人間にみられる犠牲的精神、博愛主義、隣人愛などは人間としての重要な資質のひとつとして考えられていて、これが動物とヒトを分けるカギになると言われている。

ヒトの場合も最初は血縁に対する献身、思いやり、自己犠牲が特徴だったろう。もともとは集団に属する仲間を支える本能的な仕組みだったのが、次第に自分の属する集団を超えた人類愛へと発展したのだ。

これも、ヒトの進化の過程で獲得された性質だ。ヒトが人になるまでに20万年もの長い時間がかかっているが、その大部分は狩猟採集生活だった。農業が始まってからわずか1万年しかたっていない。だから、ヒトの基本的な性質は狩猟採集生活で培われたものが多い。

長い狩猟採集生活では、狩りで獲得した獲物は平等に分配される。基本的には私有という概念がなかった。今でも狩猟採集生活を送っているアフリカのブッシュマンの社会では、狩猟で得られた食料は集団内で完全に平等に分配されるルールが確立されているようだ。そうした社会では、欲ばったり、食物を隠したりするのは人間として最低の行動で、もっとも忌み嫌われる。ケチと威張ることは受け入れられない。

狩猟の時に、勇敢に大型動物に立ち向かった人物は、犠牲的な精神の持ち主だったはずだが、その性質は保存された。それが利他行動の原点だろうと考えられる。

もともとは血縁集団内での行動だったのだが、次第にその枠が広がり、集団外に属する人たちをも助けるような行動（つまり互恵的利他行動）へと発展し、さらに見返りを期待しない本当の意味の利他行動や博愛主義が発展していった。これはほかの動物には見られない性質だ。

生物は基本的には自分の遺伝子を広めるために生きているが、ヒトはかならずしもそれだけで生きているわけではない。ヒトは自分の遺伝子を広める、生涯繁殖成功度を追求するという生物学的な動機だけで生きているわけではない。もちろん子どものために全力を尽くすこともあるが、子どもをもたない人たちも何らかの目標をもって生きていく。俗世間では金銭的報酬のために働くという人がいるかもしれないが、金銭的報酬だけがヒトの行動を決めているわけではない。

ヒトが集団生活を送るようになり、大脳が大きく発達したが、それによって名誉とか、他人への貢献に対する賞賛など、社会的報酬が人間として生きる動機になっている。それが、古代ゲルマン人の言い伝えとして始まり、18世紀末のヨーロッパで広がった協同組合運動の「一人は万民のため、万民は一人のため」という標語に結実しているのだ。

■道徳の起源

道徳とは、倫理的な行動規範と言ってもよいだろう。たとえば、ヒトを殺してはいけない、物を盗んではいけない、という基本的な倫理規範のほかに、できるだけ他人に迷惑をかけない、困った人たちを助けるという行動規範も出現した。こうした倫理観は、どんな民族にも見られるものだ。多くの民族に共通した道徳的な項目は、以下の5点に分類されているが、これらがどうやって進化してきたのか、生物学的な背景があるのかを探ってみよう。

① 親切さ:他人に親切にすること、害を加えないこと
② 公正さ:公正さを保ち、不公平な扱いを嫌がる
③ 集団性:家族、集団への忠誠
④ 権威:伝統や権威への服従
⑤ 純粋さ:純粋さや清潔さを好み、汚れた物や不純な物を嫌う

こうした徳目のいくつかは、遺伝子に組み込まれた生得的な部分と、環境や教育に基づく習得的な部分が折り重なって生じたもので、ヒトへの進化の過程で得られたものだろう。昆虫学者で社会

生物学の体系を打ち立てたエドワード・ウィルソンが、道徳が倫理学者と社会科学者だけのものではなくて、自然科学者、特に生物学者もその議論に加わるべきだと主張して以来、さまざまな研究がなされてきた。

たとえば多くの霊長類では、それによって利益を受けなくとも争っている個体間の調停をすることが報告されている。だから、野生動物にもヒトと同じような感情、つまり共感と愛情、社会秩序、互恵関係、紛争と和解の概念が存在することがわかってきた。公平さの感覚は、イヌなどの社会性動物でも発見されている。つまり人間社会の道徳も生物学的な基盤がある。

トリのヒナが卵から孵化して最初に見た動くものを自動的に親として認識する「刷り込み」という現象を見つけ、ノーベル賞を受賞したオーストリアのコンラート・ローレンツ博士の名を冠したローレンツ研究所では、その研究の発端となったガンの研究を続けている。ガンはほかの多くの鳥類と同様に一夫一妻制を採用し、夫婦・つがいで協力しながら子育てをし、生涯をすごすトリだ。そうしたつがいに、心電図を自動的に測れるように記録計を着けて観察するという研究だ。

ガンの集団では、餌やねぐらをめぐっていろいろ争いが起きるが、つがいの片方がそうした争いに参加すると、その連れ合いは争いに参加しなくとも心拍数が増加するという。つまり、相方の境遇を心配し思いやっているのだ。鳥類の段階ですらこうした共感能力があるのだから、さらに進んだ脳をもっている哺乳類や霊長類では、相手に共感し、思いやり、絆を高めあうことが普通に行われている。けんかを仲裁したり、場合によっては我慢をしたりするのだ。

■大型類人猿の行動

　ヒトの性質がどのように進化してきたかを調べるには、近縁の大型類人猿（チンパンジー、ゴリラ、オランウータンなど）の行動を詳しく分析し、比較検討する方法が有効だ。もちろん、それぞれの類人猿は違った行動パターンを示すが、そのいくつかはヒトにまで引き継がれている。ヒトに一番近いと言われるチンパンジーは基本的には乱婚制だが、他方ゴリラは一夫多妻制を基本とした生活パターンだ。ヒトは、今は法律によっても一夫一妻制を採用しているが、進化的には、前に述べたように緩やかな乱婚制から次第に一夫多妻になり最終的に現在の一夫一妻制に落ち着いたと考えられる。

　その人間社会が基本的に父系集団であり、婚姻のために女性が外部からやってくるのはゴリラの社会から引き継いだものだ。また、ヒトの大きな特徴として通年発情し、生殖目的以外の性行動を極端に発達させたが、その原型はチンパンジーの近縁種ボノボ（ピグミー・チンパンジー）に見られる。多くの野生動物は決まった生殖時期に発情期を迎え、その時期（つまりメスの排卵時期）にだけ交尾を行うが、ボノボは発情期前後の比較的長い間交尾をする。ヒトはそれがさらに長くなって、排卵時期でなくとも、いつでも性行動をするようになったのだ。

　さらに、ボノボは同性同士でも異性同士でも外部性器をくっつけあう疑似性行動をして性的興奮・性的快楽を感じるとともに、お互いの信頼関係を高めあっている。ヒトが生殖を目的とせず、快感を求めての性行動をするようになり、夫婦の絆を高めあうようになったが、こうした行動の始まりはボノボに見られる。ヒトが他個体との争いを避ける傾向もボノボから引き継いでいると考えられる。

このように、ヒトの行動の基本には類人猿から引き継いだものが少なくない。

本来の野生動物として持っている生きるための行動、つまり狩りをする、食物を得る、生殖相手を獲得する、子孫を残す、縄張りを防衛するなどの行動は、いわゆる本能的なものだから、それらの行動は基本的には遺伝子に書き込まれていなければならない。だから、ヒトの道徳的な行動も少なくともその一部は遺伝子に書き込まれているはずだ。

■遺伝子に組み込まれた行動～ＦｏｓＢ遺伝子

はたして、互恵的な利他行動や道徳的な行動などのヒトの行動が遺伝子で説明できるのだろうか。遺伝子はタンパク質を指定するだけなので、遺伝子と行動は直結しない。動物の本能行動は数多く知られているし、その本能行動は種に特異的なので、間違いなく遺伝する。第2章で説明したミツバチの8の字ダンスやハキリアリの農業のように、多くの本能行動は遺伝的に決まった定型的な行動だ。しかし、その行動を制御する遺伝子を1個1個見つけることは意外と難しい。その中で、行動をはっきりと決めている遺伝子がついに見つかった。

行動を決める遺伝子、いわゆる行動遺伝子はマウスの突然変異の研究で見つかった。それは、子どもを守り、哺乳する母親の本能行動が単一の遺伝子で支配されているという証拠になり、大きな話題となった。

普通マウスでは、生まれた子マウスが母親のおなかに顔を潜らせて母乳を吸う。正常な母マウスはこのような保育行動を通じて子どもをきちんと育てるが、ある遺伝子に突然変異を起こした母マウスはこのような保育行動ができなくなる。子マウスを寄せ付けることができないのだ。いわばネグレクト、幼児虐待のようなものだが、この母性行動を引き起こしている遺伝子が分離された。FosBという遺伝子だ。

正常な母親マウスは、子どもが腹の下から逃げ出すと、すぐに連れ戻して、おなかの下に入れる行動を行う。これは進化の過程で哺乳類の母親が獲得した本能行動で、子育てのために必要な行動だ。哺乳類以外でも、たとえばトリなどが懸命に子育てをする例などは頻繁にテレビなどで紹介されているから、動物の母性愛・保育行動はよく知られたことだ。

ところが、FosB遺伝子に突然変異を起こしたマウスは子どもを保育することはまったくせずに、周りに腹を空かせた子どもがいてもそれらを寄せつけることはない。正常な母親はこうした子どもを放置することなく必ず自分のおなかの下に引き入れるが、このFosB突然変異個体はまったく知らんぷりで、遺伝的に母性保育行動が欠損しているという例だ。

正常個体と突然変異個体のそれぞれが、どの程度子育てに関与したかの時間を調べてみると、正常個体は平均して12分間世話をするが、突然変異個体はわずか2分間しか世話をしない。同じように、どの程度子どもを連れ戻すかを調べてみると、正常な母親は逃げだした子どもを７割から８割はすぐに連れ戻すが、突然変異個体ではその行動も大いに減少している。

ＦｏｓＢは、母性行動を支配する遺伝子だが、これ以外にも「行動に影響する遺伝子」というものがマウスを中心に数多く見つかっている。

■ヒトの行動と遺伝子

ＦｏｓＢ遺伝子は、保育行動に関係した遺伝子であることは間違いない。単独の遺伝子が行動を決めている珍しい例だ。ヒトに置き換えてみると、母性愛とか心の問題に関係しているような雰囲気だ。はたして、こうした行動の遺伝子がヒトにもあるかどうかはわからないが、ヒトの心と行動がどの程度まで遺伝子で決まるかを考えてみるヒントにはなるだろう。

先ほど述べたマウスの学習能力も、単一の遺伝子で支配されているとは考えにくいし、もちろん、ヒトの知能なども ひとつや２つの遺伝子で決まるなどとは考えられないが、このようにある種の本能的な行動がたったひとつの遺伝子で決まっているという大変面白い例だ。

近年、児童虐待や幼児虐待、ネグレクトなどの事件が多発している。本能によって守られてきた生物として非常に重要な母性行動ができなくなってきている感じもするが、はたしてそうした児童虐待がこうした遺伝子と関係しているかどうかも、今後の課題として残っている。

野生動物は厳しい自然淘汰《とうた》をかいくぐって生き延びてきた。生存に不利な遺伝子は残らないが、ヒトは自然淘汰の道から外れてきたので、生存に不利な遺伝子も生き残る。その意味で遺伝子が劣化してきているのかもしれない。ヒトの行動は遺伝子だけで説明できるような単純な話ではない。ネズミを中心とした行動遺伝子の研究が進めば、次にはヒトの行動に影響を及ぼす遺伝子の研究がさらに進むだろう。そうなればヒトの心の問題も遺伝子で説明できる日が来るかもしれない。

第7章　戦争と平和の生物学

20世紀は大きな戦争が相次ぎ、「戦争の世紀」と言われた。もちろんそれ以前にも大きな戦争はあった。古くはアレキサンダー大王の領土拡大戦争（紀元前4世紀）、チンギスハーンの領土拡大戦争（13世紀）、ナポレオン戦争（19世紀初頭）など枚挙にいとまがないほどだ。日本でも倭国《わこく》の大乱（2世紀後半）、源平合戦（12世紀）、戦国時代（15世紀末から16世紀末）の各地での戦争と、その総決算としての関ヶ原の戦い、明治維新の鳥羽・伏見の戦いから戊辰《ぼしん》戦争（19世紀）など、戦争に明け暮れていた。

多くの場合、侵略戦争を含めて「正義の戦争」という名のもとに、戦争は正当化されてきた。国民・庶民は強制的に、場合によっては自ら望んで、戦争に駆り出されていった。チャップリンの映画『殺人狂時代』（１９４７年、アメリカ、チャールズ・チャップリン監督）の主人公は、「ひとりを殺せば殺人だが、１００万人を殺せば英雄だ」と真実を述べた後に処刑されたが、多くの民族・社会でタブーとなっている人殺しも、戦争の名の下では許されてきた。はたして戦争は、「遺伝子」に組み込まれたヒトの宿命なのだろうか。それを克服する力が、ヒトにはあるのだろうか。

■戦争の歴史〜有史以来戦争は続く

先史時代や古代の遺跡を調べると戦争の痕跡を知ることができる。古代史の研究によれば、一番古い戦争の跡は紀元前1万年のイラク地方に見られる。本格的な戦争の様子の記録は、9000年前のスペイン東部の岩絵に集団同士が争う場面が描かれている。

そうした最初の戦争は、狩猟民族と牧畜民の土地や獲物をめぐる争いだろうと言われている。さらに時代が進みメソポタミアやエジプト、そしてギリシャやローマに古代都市が形成されると、本格的な戦争が繰り返されることになる。

中国でも紀元前から戦争が繰り返されてきた。春秋戦国時代（紀元前8世紀から紀元前3世紀）、秦の始皇帝による中国統一（紀元前221年）、項羽《こうう》と劉邦《りゅうほう》の戦い（紀元前202年）、群雄割拠の「三国志」（3世紀前半）など読み物にもなっていて、今でも人気のジャンルだ。

このように人類は1万年以上もの間戦争を繰り返してきた。古くは、一神教の原点である「十《じっ》戒《かい》」にもあるように「殺すなかれ」という社会のおきてがあるにもかかわらず、戦争はなくならない。キリスト教にしても、イスラム教にしても「殺すなかれ」という戒律と、「戦争をする」ということとは別物のようだ。

中世ヨーロッパでも戦争は続いた。11世紀以降のキリスト教徒による異教徒（イスラム教）への弾圧と聖地回復のための8次にわたる十字軍の遠征、15世紀のイギリス・フランス間の戦争（10

0年戦争）、その後イングランドで起こった内紛（薔薇《ばら》戦争）、16世紀後半のカソリックとプロテスタントとの宗教戦争（フランス国内の内紛であるユグノー戦争、ベルギー・オランダのプロテスタントによるスペインからの独立戦争である80年戦争、30年戦争）など、主に宗教をめぐる戦争がある。

古い戦争はどちらかと言えば局地的で、兵器もそれほど強力ではないが、20世紀に入ると様相は一変する。1914年から1918年の第1次世界大戦はヨーロッパを主戦場に、全部で2000万人もの人命が奪われた世界規模の戦争だった。さらに1939年から1945年の第2次世界大戦は、戦乱はヨーロッパだけではなく、アフリカ、アジア、太平洋地域まで及び、戦争犠牲者は5000万人から8000万人にものぼると言われている。当時の世界人口の2・5％もの人が犠牲になった。

日本も、「五族協和、大東亜共栄圏」などという美名のもとに、近隣諸国を侵略した。東南アジア、太平洋全域にわたる領土拡張を目指すアジア太平洋戦争に突入し、多くの国民を死なせ、塗炭《とたん》の苦しみを味わわせた。ヒトには「殺人の遺伝子」があるのだろうか。人類史20万年を振り返って、戦争がどのように起きたかを調べてみる。

■農業の始まりが身分格差を生んだ

第3章で説明したように、グレート・ジャーニーによって地球上のほぼすべての地域に人類が分散し終わった1万5000年前は、まだ狩猟採集時代だった。狩猟採集生活の最後の方には定住が始まったようだ。その後、今から1万年前くらいには狩猟・採集というその日暮らしから、農業・牧畜により食物を貯蔵するという生活が始まった。

先史時代の狩猟採集時代には、深刻な部族間の争いはなかったと言われている。狩猟採集民は、基本的には「その日暮らし」で、いわば「明日なき世界」だ。狩猟・採集で得られた食料はあまり保存がきかず、その日その日を生きる以外にないので、集団の中での協力がどうしても必要だった。狩りで得られた食物は部族全員で平等に分配するのが原則で、独り占めは許されない。もしもそのような行動をすれば、集団から排除されてしまう。

その地域一帯に住んでいるどの集団もこうした生活をしていたので、集団間の激しい争いもほとんど起こらない。狩猟採集時代の社会には、地域集団の中心を担う酋長《しゅうちょう》、長《おさ》、祭祀《さいし》をつかさどる呪術者や巫女《みこ》はいたが、それがすべての権力を握って、集団内の人たちを支配する関係はできていない。いわば領主も王様もいない平等な社会だ。

現在、地球各地に残っている狩猟採集民の社会を調べても、集団の中央にいて領民を支配する、または搾取する権力をもった社会は見られない。狩猟採集社会では、獲った食料は基本的にはみんなで分配するというのが原則だ。

しかし、約1万年前に始まった農業・牧畜がそれまでの生活を一変させた。農業の発達が富の蓄積、私有財産、身分格差、階級の分化につながっていく。

農業が始まり食物が穀物となって保存がきくようになると、初めて「所有」の概念が生じた。それまでは個人所有という概念、これは自分のものだ、という考え方がなかった。先史時代の狩猟採集時代は、食料は全員のものだという考えで、古くは「原始共産主義」という言葉で形容されている。しかし、いったん所有、私的財産が形成されると、「持てる者」と「持たざる者」の階級分化が起こり、同時に私的財産を守る行動が進化してきた。それとともに、集団間の格差もできた。

１万年前には地球上のあらゆるところに人類が進出し、残されたフロンティアはもはやない。だから、よりよい場所に進出した集団と、不毛の土地に残された集団が生じてしまう。そうした集団の間では土地をめぐる争いが起こる。こうして本格的な戦争が始まった。

カール・マルクスとともに社会主義の思想体系を打ち立てたフリードリッヒ・エンゲルスの『家族・私有財産・国家の起源』はいまやあまり読まれていないらしいが、こうした経過が詳しく分析されていて基本的な考えはまっとうだ。

■都市の成立と分業制

農業が始まった１万年前ころには、ヒトとしての性格、能力は完成していたと考えられている。現代人とほぼ同じ能力を持った集団が確立された。もちろん原始時代だからコンピューターもないし、自動車も走ってはいないが、ヒトの情愛、悲しみと喜び、未来を考える能力、お互いにコミュニケーションする能力、いがみ合い、戦い、和解し、交流する能力は基本的には現代人と同じだ。生物学的には、たかが１万年くらいの時間ではほとんど変化しない。

人類の定住が始まり農業が発達した結果、人口が急激に増加して都市が生じた。そうした都市を中心に世界の4大文明（メソポタミア、エジプト、黄河、インダス）が生まれた。都市が成立する条件は、職業の分化、分業のシステムが完成することだ。食物を自分で作らなくとも、何らかの物と交換して食料を確保するシステムが完成したことによる。それまでは、狩猟採集道具や簡単な農機具を含めて自給自足が原則だった。そのうちに、農機具を専門に作る職業、農作物を加工してワインやチーズ、パンなどを作る人々、もっぱら兵器を作る職能、さらに進んで、芸能で人々を楽しませる芸人などさまざまな職業が現れた。分業することで自給自足よりも効率が飛躍的に高まった。自分の食料を自分で生産せずに食料を買う（または交換する）ことが生まれたのだ。完全な自給自足の社会では、ヒトが集まって都市を作る必要も条件もないが、農産物を交換する、食物と手工芸品を交換するために市場ができ、その周りに人が集まり、都市が形成された。

こうした都市国家が発展する中で、私有制度の基本である誰の財産であるかを示す印章が作られ、私有関係を記録するために文字が発達した。さらに社会生活を維持する上での法整備が必要となり、「目には目を、歯には歯を」で有名なハンムラビ法典が生まれた。

古代国家は身分制度の上に成り立っている。持てる者と持たざる者、支配するものと支配されるものが生まれた。私有財産制が発達した結果、場合によっては奴隷制度が作り出された。奴隷制は、人間をモノとして扱うわけだから、現在では許されない制度だが、人類の歴史では長い期間定着していた。

「民主主義」が花開いたとされる古代ギリシャでも、その生活を支えていたのは奴隷制度だ。法律が整備され、ヨーロッパ全体に文化的な生活が広まり、貨幣が発達し、交易が世界中に広まり、「すべての道はローマに通じる」とうたわれた古代ローマも奴隷制が基礎にあった。都市国家が成立する基本は階級制度だ。

■20世紀は戦争・革命・民族独立の世紀

第1次世界大戦の原因は、ヨーロッパ列強による植民地をめぐる争いだった。先進国であるイギリスが世界各地に多くの植民地を支配していたが、後進国のドイツがその再配分を求めて戦争が引き起こされた。際限のない軍拡競争が起こり、武力による地球の資源の再配分をめぐる戦いだった。ヨーロッパを中心に2000万人もの人々の生命を奪った第1次世界大戦は、ドイツの敗戦で決着した。

しかし、敗戦国ドイツは勢力を次第に盛り返し、ヒットラーに率いられたナチス・ドイツはふたたび世界の資源を再配分するよう求めた。それが第2次世界大戦の背景だ。太平洋地域では、後進国だった日本が、アジア・太平洋地域に進出を強め、アメリカとの戦争に突入した。

第2次世界大戦の犠牲者は、世界中で軍人・兵士が2500万人、市民・民間人が約4000万人と言われている。国別では、ソ連邦の軍民合わせて約2600万人という数字が残っている。人口の10％以上の人たちが犠牲になった大戦争だった。

このように莫大な人的な損失を被り、広大な国土を軍靴に踏みにじられ、世界中に悲劇をもたらしたにもかかわらず、第1次世界大戦・第2次世界大戦後も、世界中で戦争は続いた。朝鮮戦争（1950年～1953年）、スエズ戦争（第2次中東戦争、1956年～1957年）、ベトナム戦争（1960年～1975年）、イラン・イラク戦争（1980年～1988年）、湾岸戦争（1990年～1991年）など枚挙にいとまがない。

こうやって数字にすると、国民・庶民の悲劇は数字に埋没してしまうが、1人ひとりに生活があり家族があり、日常の営みがあったはずだ。それらのすべてが世界各地で踏みにじられてしまったことを考えると、なぜ戦争の悲劇は繰り返されるのかと暗澹《あんたん》たる思いになる。

一方、20世紀は人類史上初めての「社会主義革命」の成功と民族独立運動の世紀でもあった。地球上の広範な地域で、植民地がほぼ一掃され、国民主権の考えが世界中に浸透した。フランスの人権宣言とアメリカの独立宣言にまとめられた基本的人権の思想が世界的に広まり、多くの国で国民の参政権が女性にも拡大され、自由と民主主義の普遍的な価値が認められた。

いまだに戦争は根絶されていないが、長い目で見ると人類社会は進歩しているようだ。ノーベル賞受賞の物理学者、益川敏英さんが近著『科学者は戦争で何をしたか』（集英社新書、2015年）で述べているように、100年のスパンで見れば、世界は間違いなく変化している。

■ジェノサイド

戦争にはジェノサイド（民族虐殺）がつきものだ。第2次世界大戦では、約600万人ともいうユダヤ人がナチス・ドイツによって虐殺された。旧ソ連邦時代のスターリン体制下でのポーランド人将校の虐殺（カチンの森事件、1943年）が記憶に残る。

新しいところでは1994年、アフリカのルワンダで、かつては仲よく暮らしていたフツ族とツチ族が権力をめぐって対立し、武装したフツ族過激派が、ツチ族を「ゴキブリ野郎！」とののしって大虐殺を始めた。約100日間で、80万人とも120万人とも言われる罪なき人々が殺された。普通の民衆が扇動されて、隣人を銃で撃ち殺し、手刀で切り殺したのだ。

1970年代のカンボジアで起きた国民大虐殺も、人間が行ったものとは思えないほどひどいものだ。赤色クメールを名乗る極左集団が政権を握り、その中心をになったポル・ポト派が、政権維持のために国民、特にインテリ層を徹底的に排除、抹殺した。保身のためには親兄弟でも密告する制度が作られ、少しでも知識がありそうなものは、片端から収容所に入れられ殺された。1975年から1979年の間に140万人（アムネスティ・インターナショナル調べ）とも120万人（米国国務省調べ）ともいう国民が殺された。正確な死者数はいまだにわかっていないが、総人口800万人ほどの小国で、全国民の約20％、知識人の60％以上が虐殺された。

1945年8月の広島・長崎への原爆投下によって20数万人もの市民が殺され、3月10日の東京大空襲によっても10万人もの人がなくなった。こうした大規模な殺人は原爆などの大量殺戮兵器によるものか、大規模な空襲によるものだ。しかし、カンボジアやルワンダの虐殺は、手刀や手斧、火器と言えばせいぜい銃砲程度という武器による殺戮で、１人ひとりが相手を直接自分の手にかけて殺すのだ。それが１００万人規模で行われたのだから、その残虐さは目に余る。

人間はなぜこのような残酷なことができるのか、この世のものとは思えないほどの残虐行為だ。狂気の沙汰としか言いようがないが、現実問題として突きつけられている。

有名な進化生物学者であるエドワード・ウィルソンは、「戦争やジェノサイドは、普遍的で永久になくならず、特定の時代や文化のものではない」と述べている。「ヒトは、縄張り防衛、拡大、膨張、という生物学的衝動を間違いなくもっている。それを解決することが21世紀のカギだろう。人類の知恵の実力が試されるときだ」とも言っている。つまり、理性を発達させたヒトには、戦争やジェノサイドを克服する能力があるということだ。

■21世紀に戦争をなくせるか

21世紀に入ってからの特徴は、民族紛争、テロが頻発していることだ。イスラム原理主義を奉じるアル・カイダやタリバン、そして「ＩＳ（イスラム国）」など武力で暴力的に地域を支配する運動が絶えない。暴力の応酬と報復が繰り返されている。

こうした民族紛争、テロを武力介入で解決することはできない。イラクでもイランでも、アフガニスタンでも武力介入で解決したためしはない。

超大国のアメリカにしても、旧ソ連邦なども一貫して武力にものを言わせて国際紛争の「解決」にあたってきた。

日本以外の多くの国では、戦争を国の基本を示す憲法で認めている。戦争準備・戦争遂行のために徴兵制をしいている国（北朝鮮、韓国、ロシア、ブラジル、スイスなど）もまだ見られる。現在の地球上で国際的に認められている主要な永世中立国はスイスとオーストリアだ。スイスにしてもオーストリアにしても当然国益を守らなければならず、国際的な対立の中で存在しているが、そうした国際間の紛争・緊張は外交的な交渉によって解決することを国是とし、それを国際的に認めさせている。こうした国は武装中立だが、さらに中米のコスタリカは憲法で軍隊をもつことも否定し、非武装中立を国是としている。だから戦争を放棄することは理論的には可能だ。

日本は戦後70年にわたって戦争を起こしてはいない。先進国でそのような国はほとんどない。考えてみればこれは非常に素晴らしいことで、その根幹には日本が憲法９条によって戦争を放棄し、対外的な戦争をしないという国是を守ってきたことがある。70年にわたって戦争によって国民をひとりも死なせなかった事実は大変重要だ。世界に誇るべき人類の英知のひとつだ。２０１４年に「日本国憲法第９条をノーベル平和賞に」という運動が起こり、受賞候補としてノミネートされた。２０１５年も受賞を逃したが、日本の平和憲法は国際的に認められてよいものだ。

国際紛争の解決を武力に頼らずに解決しよう、解決しなければならないというのが常識になれば、戦争をなくすことはできるだろう。前述した物理学者の益川敏英さんは、あと200年で戦争はなくせる、と明言している。これが本当に可能かどうか、生物学的に考えてみる。

■野生動物時代に培われた「遺伝子」

第3章「ヒト、人になる」でも述べたが、約700万年前にヒトとチンパンジーとが分かれて、直立2足歩行を始めたヒトが第1歩を踏み出した。2足歩行をしながら狩猟・採集を始めたヒトの段階では、小さな集団を作り生活をしていた。そこには厳格な縄張り意識があり、それを防衛し、拡大し、食料を得ようとする衝動は強く持っていたはずだ。集団内では協力しつつ、縄張りをめぐって集団間の争いは絶えなかっただろう。

猿人の時代を含めて700万年、さらに新人になってからの20万年の間に、こうしたヒトとしての行動を支配する遺伝子が培われてきた。今でも、パプア・ニューギニア原住民には強い縄張り意識を持ち、周りの部族との争いが絶えない生活を送っている民族もある。

だから生物学的には、ヒトには「争う遺伝子」があると言っていいだろう。

ただし、生まれつきそなわっている、遺伝子に書き込まれていると言っても、アリやハチなどの昆虫と同列に見ることはできない。社会性昆虫の行動パターンは、第2章で説明したようにすべて遺伝子に書き込まれていて、まったく融通の利かない反応系だ。例外を許さない徹底した機械的な仕組みだ。ミツバチの8の字ダンスも、ハキリアリの農業にしても、多様な情報伝達に基づく見事に統制のとれた行動だが、彼らは遺伝的に組み込まれた定型的な行動しかできない。それに対してヒトの行動パターンはまったく違う。

ヒトの場合、比喩《ひゆ》的な意味での「争う遺伝子」はあったとしても、それが自動的に発現するわけではない。そこが昆虫などの行動パターンとは決定的に違っている。

第1章で述べたように、ヒトは生物（2次系列）の一種でありながら、巨大脳を発達させて、普通の生物とは異なる人間社会（3次系列）を作り出した。その人間社会では単純な生物学の法則・論理は通用しない。わかりやすく言えば、昆虫などは遺伝子に組み込まれた生まれつきの行動パターンを変えることができないが、ヒトは理性によってその行動パターンを変えることができるのだ。

つまり人間社会には、他の生物とは別の社会法則がある。ヒトは生まれつき生物として持っている行動パターンを変え、新しい社会を切り開き、よりよい世界をつくることができる。それが他の動物とは決定的に違うヒトの能力だ。

ヒトは生物学的に言って「争う遺伝子」を持っているとはいえ、その発現を抑えることができる。社会的・政治的に言えば、民主主義を通じて多数派を形成し、国の仕組みを改革し、平和な世界を作り出していくことができる。そうした運動を全世界に広げれば、戦争やジェノサイドを抑えることができるだろう。

■「争う遺伝子」の発動と教育

近代戦争は、国の利害が一致せず、その領土・利権・資源をめぐっての争いが、にっちもさっちもいかなくなって、武力での解決を目指すというのが実際のところだ。「戦争とは他の手段をもってする政治の継続である」（『戦争論』、カール・フォン・クラウゼヴィッツ）という言葉があるように、まさに政治の失敗の結果と言ってよいだろう。戦争をすることによって儲ける軍事産業と軍隊が一体となった産軍コングロマリットによって支配されているアメリカに見られるように、戦争は政治と経済の延長なのだが、普通の社会では犯罪である殺人がどうして許されるのだろうか。

多くの民族・集団で人殺しはタブーとなっている。有名な「十戒《じっかい》」に代表されるように「汝《なんじ》、人を殺すなかれ」、「汝、物を盗むなかれ」などという戒めは、すべての人間集団で認められる人間としての最低限のモラルとなっている。こうした戒めは、殺人や窃盗が大昔の人間社会でも横行していたことを逆に証明している。古代社会から今まで、争いでヒトを殺《あや》めることはよくあることだった。そうした殺人は集団や社会の秩序を乱し、安定を損なうものなので、タブーとなっていったのだ。

だから「人殺しの遺伝子」はあったとしても、社会の中では勝手気ままな人殺しは許されなかった。勝手に人を殺すと集団内での罰もあり、心理的には殺してはいけないという心が生じてきた。殺人はヒトの理性によって抑制されている。精神的に異常な特殊な犯罪者は、人殺しをすることが喜びとなる病理的な例だが、普通は人を殺せない。人間社会で起こる殺人事件は、ちょっとしたいさかいが引き金となり我を忘れてやってしまった例がほとんどだろう。多くの場合は金と欲、男と女をめぐる情動が絡んでいる。

ヒトの進化の過程での狩猟採集時代に獲得された「争う遺伝子」、「人殺し遺伝子」はもともと弱い遺伝子だったろう。他の多くの動物と同じように、皆殺しのような徹底的な殺人は起きないはずだ。しかし、農業が始まった1万年前から本格的な戦争が始まると、敵を殲滅《せんめつ》する、皆殺しにするようになった。

第6章で述べたように、身近な近親者（親子、兄弟、親類）のような血縁集団では、ヒトは子どもや身内のために犠牲的な行動をとるのが普通だ。今でも、家族愛が集団の基礎にあるし、少し範囲を広げた郷土愛や愛国心はその例だ。身近な例では、子どもの運動会で自分の子どもだけを見て応援するのは多くの親に共通する心理だし、自分の子どもが属する組が勝てばうれしいのもその通りだ。さらにオリンピックやサッカー・ワールドカップのような国際的なスポーツ大会で、自国の選手が活躍すると狂喜乱舞するのもそうした集団内での心情だ。

しかし、敵対する集団に対しては攻撃的になることも人間社会ではよくみられる。スポーツ競技の応援団（サポーター）が、身内の活躍に大喜びするのとは裏腹に、相対する集団、敵対する集団には攻撃的に対応するというのも、たとえばスポーツの国際試合ではよくあることだ。つまり、対外的に攻撃的になるという性質はヒトの進化の過程で遺伝子に組み込まれた性質と言ってよいだろう。その性質が宣伝によって扇動され、教育によって刷り込まれて戦争に動員されていくのだ。

人間社会では個人的な殺人は抑制され、国家間の戦争は許される風潮があるが、戦争と人殺しの「遺伝子」を発動させているのはまさに宣伝と教育だ。戦争をすることで儲けたり、潤ったりする国がある以上、戦争の動機はなくならないだろう。それに対抗して戦争反対の運動も盛り上がらざるを得ない。戦争に反対し、平和を求める運動の基盤もやはり教育だ。

■理性と教育が地球を救う

近代国家間の戦争には、たとえば経済的な利害の不一致、領土の線引き、資源の確保などの理由がある。しかし、そうした理由だけで国民を戦争に動員し、戦争を維持できない。

日本の太平洋戦争を見るまでもなく、国民は教育と宣伝によって戦争に動員されていった。多くの庶民は死にたくないし、夫や子どもを戦地に送りたくはないから、戦争には反対なのだ。それにもかかわらず、全体として戦争に協力し、あるものは積極的に、あるものは消極的に戦争に参加していった。鬼畜米英、大東亜共栄圏、アジアの解放などもっともらしい大義名分が大宣伝され、疑いを知らない少年は心からそれを信じ、命を投げ出した。戦争に協力しないものは「非国民」のレッテルを張られ肩身の狭い思いをするどころか、反戦を貫いた人たちは投獄された。つまり戦争を遂行するには、国民を思想的に動員することがどうしても必要で、その基本は教育と宣伝だ。

ヒットラー・ナチス下のドイツでも同様だった。徹底した宣伝（プロパガンダ）によって、反ユダヤ主義が浸透し、ゲルマン民族の優秀さと、それと裏返しのユダヤ民族への憎しみが醸成され、想像を絶する残虐な行為が繰り返された。その時代の雰囲気を伝えるドイツの宗教者マルティン・ニーメラーの言葉が有名だ。いろいろなバージョンがあるが、政治学者の丸山眞男氏が『現代政治の思想と行動』で紹介しているのを引用しておく。

ナチスが共産主義者を攻撃したとき、自分は少し不安であったが、とにかく私は共産主義者ではなかった。だから何も行動にでなかった。次に社会主義者を攻撃した。自分はさらに不安を感じたが、社会主義者でなかったから何も行動にでなかった。それからナチスは学校、新聞、ユダヤ人などをどんどん攻撃し、自分はそのたびいつも不安を増したがそれでもなお行動にでることはなかった。それからナチスは教会を攻撃した。自分は牧師だった。だから立って行動にでたが、その時にはすでに遅かった。

旧西ドイツのワイツゼッカー元大統領（２０１５年没）が戦後40年を記念した演説で、「過去に目を閉ざす者は結局現在にも盲目となる」と警鐘を鳴らし、旧ナチス・ドイツの悪行を痛切に反省したドイツ国民は、ほんの一部のネオナチと言われる人たちを除き、戦後70年たった今でも旧ナチスの犯した戦争犯罪の追及をやめていない。そうしたドイツ国民も、ヒットラーの巧みな大宣伝と教育によってあれよあれよと言う間に「洗脳」されてしまい、結局ユダヤ人虐殺を許していってしまった。多くの人間が持っている同胞意識と、それを裏返しにした排外意識と差別意識につけ込んで、偏見をあおる方法で憎悪が醸成されていったのだ。

中東だけではなく、いまや世界中で繰り返されるイスラム原理主義のテロリズムもやはり教育の結果だ。世界大戦前の西欧の植民地支配に対する憎しみと報復をあおり、コーランの名のもとに行われる自爆テロは聖戦（ジハード）とされ、いわば純粋な信念に基づく行為だ。

いくらヒトの本性の中に、殺しの遺伝子、争う遺伝子があったとしても、普通の状況ではそれは抑えられている。

ねじまがった愛国心に基づく戦争や、憎しみの連鎖を断ち切り、復讐の繰り返しの悲劇を食い止めるにはどうしたらよいのだろう。これまでも繰り返し述べてきたように、野生動物とヒトとの違いは大きく発達した脳だ。ヒトはその巨大脳で言語を獲得し、思考し、思索し、情報のやりとりをし、相手と駆け引きをする中で理性を発達させてきた。この理性をもっと発達させ、動物的な感情を抑えることが大事だ。実に平凡な結論だが、それしかないのだ。

２０１４年のノーベル平和賞は、女性が教育を受ける権利を主張して、イスラム過激派からの銃撃を受け、一命を取り留めてもなお国外で戦っているパキスタンの少女マララ・ユスフザイさんと、人間の健全な発達を妨げる児童労働に反対する運動を続けてきたインドの平和活動家カイラシュ・サティアルティさんの２人に授与された。こうした活動が人類の未来を切り開くカギを握っているのは間違いない。

多様な価値観、多元主義、民主主義を基調とする教育に、地球の未来がかかっていると思う。

■「ランボー」とマザー・テレサ

ヒトの心情は、対外的に争いを好むだけではない。他人と仲よく助け合う心も持っている。比喩的な表現として、ヒトは「ランボー」とマザー・テレサを兼ね備えている、という言い方がある。争い戦う本能的な性質と、仲よく助け合う本能という二面を持っていることだ。

ランボーは、シルベスター・スタローン主演の映画『ランボー』（１９８２年、アメリカ、テッド・コッチェフ監督）の主人公だ。ベトナム戦争で心を病んだ元兵士が、世の中の理不尽と戦う映画で、ベトナム戦争の後遺症という悲劇を背景にした優れた映画だった。しかし、第２部、第３部となるにしたがって、単なる好戦的な暴力礼賛映画になっていった。

このランボーに象徴されるように、ヒトには争う性質があることは間違いない。こうした遺伝的な背景があるにもかかわらず、一方、マザー・テレサに象徴されるように博愛の精神で仲間を助ける性質を持っていることも事実だ。大事な点はこの博愛の精神は、集団内の利他的な行動にとどまらないということだ。集団内部での助け合いや自己犠牲の精神は当たり前のことだが、集団の枠を超えた博愛の精神という点がカギだ。

マザー・テレサはカトリック教会の修道女で、インドのカルカッタで貧しい人たちの救済運動をはじめ、その活動を全世界に広めたことで有名だ。１９７９年にはノーベル平和賞を受賞した。

集団内での利他行動は、もともと身内や血族間の助け合い行動だから、野生動物にも見られるし、人間社会でもよくあることだ。しかし、集団の枠を超えた利他行動、助け合いの精神、博愛主義はどこから生まれたものだろうか。

それは、ヒトの進化の過程で脳が飛躍的に大きくなり人間性精神（こころ）が生まれ、人道主義が芽生えたことによる。だから、この博愛主義・人道主義も生物学的な背景をもっている、つまり遺伝子に組み込まれていることになる。命がけで見ず知らずの人を助ける行動はよく報道されるが、こうした利他行動もヒトの遺伝子に組み込まれていると考えてよいと思う。

もともと狩猟採集生活をしていた先史時代のヒトでは、大型動物に挑んでそれを仕留める行動は大変危険で、命に係わる仕事だったろう。それを果敢に行うのもいわば利他行動だ。名誉と引き換えにこうした行動を行う遺伝子、命に代えても集団の利益のために尽くすという遺伝子は生き残った。

社会が進化するにつれて、農業が始まり、私的所有の概念が生じ、都市が生まれ、本格的な戦争がはじまったが、その戦争で一番危険な戦闘に真っ先に参加し、敵陣に突入するという勇気も利他行動だ。名誉と引き換えに戦死する行動も進化した。

しかし、徹底した殺し合いは集団そのものを破壊することになるので、抑制する必要がある。そこで妥協する、相手を許すという心理が生まれた。そうした心が発生したことで、人道主義が生まれた。つまりヒトの本性の中に、争う心と許す心、殺す心と救う心、憎む心と愛する心、という二面性があることになる。

遺伝子に組み込まれた闘争と博愛という2つの行動のどちらを伸ばしていくかが、人類の将来を決めると言ってもよいだろう。その2つの行動の生物学的な背景には、遺伝子だけではなくホルモンや脳内物質も関係している。次にそのホルモンについて考えてみる。

■アンドロジェンと攻撃性

男性ホルモン（アンドロジェン）は精巣（睾丸《こうがん》）から出るホルモンで、一言でいえば男らしさを作り出し、男性としての生殖をつかさどるホルモンだ。簡単に言えば「マッチョ」にするホルモンだ。そのアンドロジェンは思春期から本格的に放出され、男の子は髭が濃くなり筋肉質になり、のど仏が大きくなって声変わりをするわけだ。

実は、アンドロジェンは胎生期に一度放出され（アンドロジェン・シャワーという）、男子の体と脳を作り出す。女子にはアンドロジェン・シャワーは放出されない。

その後アンドロジェンはまったく見られなくなるが、少年期後期から再び放出され本格的な男作りが始まる。体が男らしくなるのと同時に、脳にも影響を与え攻撃的な性格も作られる。男性が攻撃的で、暴力をふるう率が高いことは、家庭内暴力や傷害事件・殺人事件を起こす率からも示される。また、射幸心にあおられてばくちにのめりこむ人の数は圧倒的に男性が多いが、これもアンドロジェンのせいだと言われている。

野生動物ではオスの方が寿命が短いのが普通だ。その原因もアンドロジェンのせいだと言われている。オスは互いに争うので怪我が多く、また他の病気にもなりやすい。アンドロジェンは精巣(睾丸)で作られて分泌されるから、睾丸を除去されたオスはけんかをしなくなり、寿命が延びるという報告もある。逆にメスにアンドロジェンを投与すると、けんかしやすくなり、寿命が短くなる。どうもアンドロジェンは、好戦的な気分を作り、争いを引き起こすホルモンと言ってよい。

ヒトでもスポーツの世界ではアンドロジェンが筋肉強化に働き、競争意識を高めているようだ。だから、筋肉増強のドーピング薬としてアナボリック・ステロイドが使用されてきた。アンドロジェン自体は代謝されやすく外から与えても効果があまりないので、男性ホルモンの働きのあるさまざまなステロイドを合成して、ドーピング薬としているのだ。

女性には大量のアンドロジェンはないが、副腎から放出されるホルモンに少しアンドロジェンが含まれている。ヒトの場合、女性より男性が攻撃的なのは、男性が作るアンドロジェンが圧倒的に多いせいだと言ってよいだろう。生物学的に言えば、それは狩猟採集時代から培われた男性の性質なのだ。

■オキシトシンと絆形成

一方、絆を求め、愛と許し、心の平和を作り出すホルモンもある。脳下垂体後葉から分泌されるオキシトシンだ。オキシトシンはもともと、出産・授乳に重要な働きをもったホルモンとして有名だ。出産時に子宮を収縮させて、出産を促す。医学の現場では、陣痛を促進するために点滴に使われている。出産した後には、母乳を分泌させる働きがある。赤ちゃんが母親の乳首を吸うとそれが刺激となり、母親の脳下垂体からオキシトシンが分泌され、母乳の合成と分泌を促進させる。

オキシトシンの働きはそれだけではない。オキシトシンは母親だけが分泌するだけではなく、母親になっていない女性も、また普通の男性も、年齢に関係なく分泌されている。特に、最近になってオキシトシンが母性愛と関係することがわかってきた。さらに信頼や男女の愛情とも関係していることもわかってきた。

ホルモンは血液中に放出されて全身を回りさまざまな生理作用を発現させるが、オキシトシンにはもうひとつの働きがある。最近はやりの脳内物質として働くのだ。その働きの仕組みが少しずつわかってきた。

脳には非常に多様な神経細胞がある。その中のセロトニン神経細胞にオキシトシン受容体がある。オキシトシンがたくさん放出されてオキシトシン受容体に届くと、セロトニン神経が活性化される。セロトニン神経が活性化されると、脳の状態を安定化させ、心の平和、平常心を作り出す。また、自律神経に働きかけて、痛みを和らげる効果もある。

このようにオキシトシンは心の平和、平常心を作り出す作用があるので、自閉症の治療薬としても期待されている。すでに欧米ではオキシトシン治療とかオキシトシン噴霧がやられているし、日本でも治験が始まった。そのうち実際の治療に使用される日が来るだろう。

■ヒトへの進化とホルモン

多くの脊椎動物のオスは、アンドロジェンに支配されている。アンドロジェンは生殖に使用されると同時に、攻撃的な行動を支配している。ヒトも狩猟採集時代には、基本的には男が狩猟に、女が採集に従事していたが、狩りには多くの危険が伴う。その危険をかえりみず獣を仕留めるのも男の大事な仕事だった。アンドロジェンの攻撃性にはこうした生物学的な背景がある。

それに対してオキシトシンはもともと分娩・哺乳のためのホルモンだから、哺乳類以前の動物にはない。だから、アンドロジェンが引き起こす攻撃性とオキシトシンが作りだす絆を比較すれば、アンドロジェンの攻撃システムの方が進化的にみて早くそなわったと考えられる。しかし、オキシトシンによく似た物質が魚類でも見つかっている。イソトシンという脳下垂体ホルモンだ。

イソトシンは魚類の集団行動を促している物質だ。多くの小型魚類は、大きな魚群を形成して遊泳する。小型魚はいつも大型の肉食魚や海獣にねらわれているが、集団形成はその捕食に対する防衛の意味が強い行動だ。その集団形成に必要なホルモンがイソトシンだ。このイソトシンが哺乳類のオキシトシンへと進化したので、オキシトシンにも集団への帰属意識を高める働きがある。

オキシトシンの働きは哺乳類が進化するにつれて、他の働きをも持つようになっていった。本来の出産・授乳の働きのほかに、愛情、絆、集団の形成を支配する働きができてきた。それは、仲間同士で接触することと関係している。仲間同士の接触と絆形成は、ヒトでは男性よりも女性の方に多くみられる。

男と女の絆形成の違いは、たとえば、病院に入院したときの病室の雰囲気を見ただけでもすぐにわかる。男性部屋はいつもむっつり押し黙って生活をしているが、女性部屋は知らない同士でもあたかも旧知のごとくおしゃべりをしていることが多い。オキシトシンは男にもあるが、その量が女性に比べて少ないのだ。

最後に、脳内物質としてのオキシトシンがどのように働くかを見てみる。

前に述べたようにオキシトシン受容体は、脳のセロトニン神経にある。オキシトシンが放出されてセロトニン神経が活性化すると、気分が落ち着くと同時に、知らない相手に対する恐怖心が薄らぐ。

生物学者の柴谷篤弘《しばたにあつひろ》氏（２０１１年没）によれば、差別する心はヒトに普遍的にあり、どんな人でも自分と違うもの、異質なものを差別する傾向があるという。

アメリカの黒人差別を先頭に、被差別部落、アイヌ人、在日朝鮮人、ユダヤ人、性的マイノリティー、障害者、ハンセン病患者、さらには女性差別などなど、ちょっと考えただけでも、無数の差別がある。しかし、このような差別は為政者・権力者が自らの支配に都合のよいように人為的に作り出し、国民に植え込んだものだ。

同時にヒトには差別をしてはいけないという倫理的な能力もある。たとえばアメリカの公民権運動のように、理不尽な黒人差別を撤廃する長い闘いがあり、時代とともに差別を克服しつつ、２０

08年ついに米国で初めて黒人のオバマ大統領が生まれた。日本でも女性差別はまだまだ残っているが、次第に男女平等の社会がつくられつつある。

差別意識には、もともと知らない相手を恐れるという動物本来の自己防衛本能といういわば生物学的な基盤がある。その差別意識を抑え、ヒトがみんなで仲良く平等に生きていくうえで、脳内物質としてのオキシトシンも働いているのだろう。ヒトには恐れがあるが、それを克服する手立ても同時に持ち合わせている。

第8章　宇宙船「地球号」はどこへ行く

１３７億年という宇宙の歴史を、実際のカレンダーの1年に置きなおした「宇宙のカレンダー」では12月31日の午後10時過ぎに人類が出現する。つまり大晦日の夜の10時半くらいになって本格的な人間が出現したということになる。

人間の歴史は、宇宙のカレンダーで言えば最後の最後の約1時間半、実際には２００万年くらいしかたっていないのだ。

北京原人による火の使用が11時46分で今から14分前、農業の始まりが11時59分20秒だから、本格的な農業が始まってからわずか40秒しかたっていない。アルファベットの発明が9秒前、鉄器の本格的な使用が始まってわずか6秒だ。それ以前は青銅器、さらにそれ以前は石器だった。鉄器の使用が農業の生産力を一段と引き上げ、その結果人口が増えだしたと言われているが、それからわずか6秒。私たちが行っている実証科学・実験科学が始まってから1秒しかたっていない。人類の文明というものは、全宇宙の歴史から見ればほんの一瞬だ、ということが実感される。

この章では人類の将来を考えてみよう。

■核の時計（終末時計）

宇宙のカレンダーを提唱したカール・セーガン博士によれば、人間は遂に人類の自滅手段を獲得してしまったと言う。これは全人類を何度も繰り返して全滅させることのできるほどの核兵器を開発したという意味だ。このカレンダーが作られた当時は米ソの核開発競争が盛んな時期で、そうした背景もあり彼は熱核戦争の脅威を強く訴えたわけだ。現在は熱核戦争の危険は以前に比べて低くはなったが、１９８６年のチェルノブイリ原子力発電所の大事故、そして２０１１年3月の福島第一原子力発電所の大事故とその後の事故処理のありようなどをみても、核問題が人類の生存に対する大きな脅威であることには変わりない。福島原子力発電所の大事故は、人類はまだこの技術を十分には使いこなせないことを示している。

宇宙のカレンダーでカール・セーガン博士が言いたかったことは、人間は自然に対してけっしておごってはいけないということだろう。現在人間は、宇宙の歴史から見れば実に一瞬しかたっていないにもかかわらず、地球環境を徹底的に破壊している、そして核兵器は、人類が作り出した最悪の環境破壊の手段なので、人類の生存のためには、なんとしても核兵器を廃絶しなければならないという彼の主張には、どんな思想の持ち主でも全面的に賛同できるものだ。

今はあまり注目されていないが、「核の時計（終末時計）」という運動がある。核戦争の危機を時計（分針）の進行で警告したものだ（２０６ページ図10）。

広島・長崎への原子爆弾投下から2年後、冷戦時代の１９４７年にアメリカの雑誌『原子力科学者会報』の表紙絵として誕生したものだ。以後、同誌は委員会を設けて定期的にその「時刻」の修正を行っている。すなわち、人類滅亡の危険性が高まれば分針は進められ、逆に危険性が下がれば分針が戻される。１９８９年からは、核の脅威のみならず、気候変動による環境破壊や生命科学の負の側面による脅威なども考慮して針の動きが決定されるようになった。
簡単に核の時計の分針の動きを振り返ってみると、次のようである。

１９４７年　７分前（戦後の米ソ対立）
１９５３年　２分前（米国とソ連による水爆開発の成功）
１９６３年　12分前（米ソによる部分的核実験停止条約締結）
１９８０年代　３分前（米ソ対立の激化）
１９９１年　17分前（ソ連邦の崩壊、東ヨーロッパの民主化）
２００７年　５分前（イラン・北朝鮮の核開発、国際テロリストへの核兵器拡散）
２０１２年　５分前（福島原発事故後）
２０１５年　３分前（気候変動と核軍備競争）

最初は７分前をさしていたが、米国とソ連が水素爆弾を開発した１９５３年には2分前、１９８

図 10　終末時計

雑誌『ブレティン・オブ・ジ・アトミック・サイエンティスツ（原子力科学者会報）』に掲載されている終末時計。人類滅亡の危険性が高まれば分針が進められる。2015年1月に3分前に設定された。http://thebulletin.org/current-issueより。

0年代の米ソ対立時代には3分前になった。その後、ソ連邦の崩壊、東ヨーロッパの民主化により時計は一気に巻き戻された。核兵器による人類の滅亡の危機は去ったかに見えたが、北朝鮮の核実験強行や福島原子力発電所の大事故により2012年には5分前に、2015年現在は3分前に設定されている。

　2009年、アメリカのオバマ大統領はチェコのプラハで演説し、核兵器を使用した唯一の国の代表として核兵器のない世界を目指す呼びかけをし、核廃絶への道すじと決意を示した。その演説によって彼はノーベル平和賞を受賞したが、その理想は実現するどころか、核兵器使用の危険は去っていない。実際にロシアのプーチン大統領は、ウクライナ領だったクリミアを武力によってロシアに併合する際（2014年）に、一時核兵器の使用を決断した、と後で打ち明けている。

　この核の時計（終末時計）はいわば仮想的なものだが、核兵器、原子力問題、環境問題を考えるときにはひとつの目安になる。

核兵器や原子力発電所などは、廃棄物を含めて人間がコントロールできないので、廃絶・廃棄するべきだと痛感する。

最後に、人間はどこへ向かっていくのかを考えてみる。

■ローマ・クラブと持続可能性

最近でもさまざまな分野で「持続可能性」という言葉が使われている。この言葉は、１９７２年に行われたローマ・クラブによる報告書が最初だ。

そのローマ・クラブの報告書『成長の限界』では、今後「世界人口と工業投資が幾何級数的成長を続けると地球上の天然資源は枯渇し、環境汚染は再生の許容範囲を超え、成長は限界に達する」ことが、多様なデータに基づいて鮮明に示された。このレポートによって、人類の成長には地球という器の限界があることが強く認識され、経済活動を含めた地球規模での人間活動が維持・発展することができないと指摘された。そこで、今後「持続可能な開発」の可能性がありうるかが議論されるようになった。

石炭や石油などの化石燃料は有限な資源だし、今や大々的に開発されているシェールガスやメタン・ハイドレードも無限にはない。原子力燃料もいずれ枯渇するだろう。こうした有限の資源に依存した人類社会はいずれ行き詰まる。それに代わる代替エネルギーの開発が間に合うかどうかが焦眉の課題だ。太陽光、風力、水力、潮力などすべての自然エネルギーを生かす科学技術の力を発揮することが大事だ。

ローマ・クラブはさまざまな提言をしている。具体的な実例をあげて、現存技術を使った省エネを有機的に組み合わせて実施することで、人類の現在の生活の質の低下をさせることなくエネルギーと資源の消費を5分の1にすることが可能であることを説明している。しかし、これまでにその実現を阻んで来たものも数多くある。代表的なものは、先進国を基盤とする国際金融資本に支配された大企業の既得権益と、経済活動への一切の制限や民主的な規制を認めない新自由主義の考え方だ。

欧米や日本などの先進国は、これまでエネルギー資源を湯水のように浪費してその力でグローバルに地球を支配してきたが、今や反省期に入っている。ローマ・クラブの運動に象徴されるように、今後は限りある資源の浪費を避けようとしているが、中国・ロシア・ブラジル・インドなど後発資本主義国やアフリカ諸国を中心とする発展途上諸国は、豊かさを求めて経済活動を強化してきている。先進諸国は、自分たちがたどってきた道なので、それを一概に拒否することはできない。その折り合いをどうつけるかが一番大きな問題だろう。

特に、地球上に生育できる人口をどうやってまかなうかが一番の問題だ。

地球サミットで宣言された「持続可能な発展」は、同時に採択された「気候変動枠組（地球温暖化防止）条約」および「生物多様性条約」と併せて考えることが必要だ。

■人口爆発と資源（食料とエネルギー問題）

ローマ・クラブのレポートが「ヒトは幾何級数的に増加するが、食糧は算術級数的にしか増加しない」と指摘しているように、近い将来に地球が抱える大きな問題は、食料とエネルギー問題だ。先進諸国の中でも特に日本は国としての活力が失われ、人口減少が始まっている。40年後には1億人を切り、今世紀末には半減するという予測が出ているが、世界的には人口は爆発的に増加している。歴史的に見れば考えられないほどの勢いで増加し続けている。

地球史の視点で見ると、地球上の人口は約1万年の間は、ほとんど増加せずに大体500万人から1000万人程度で推移してきたが、近年になって急上昇している。その原因は、18世紀以降の産業革命と農業革命だ。イギリスで石炭のエネルギーを機械の運動に利用する方法が発見され、一段と産業が進歩し、人間生活が一面では豊かになり人口が増える余地ができた。さらには農業の機械化による生産革命で、食料が豊富になり人口が増えだした。

産業革命以降、世界の人口は幾何級数的に増加し、2015年で75億人、2050年には100億人になろうという勢いだ。地域別にみるとやはりアジアとアフリカでの人口増加が圧倒的だ。

このまま推移すると地球上には人があふれ、食料とエネルギーが不足するのは目に見えている。石炭、石油、天然ガスを中心とする化石エネルギーは、すでに枯渇し始めている。それに代わるオイルシェールと「燃える氷」とよばれるメタン・ハイドレードなどが採掘可能にはなってきてあと少しはもつだろうが、いずれそうした化石燃料は枯渇し、現在の生活を維持できる時間はあまり多くない。原子力エネルギーもウランが枯渇すればいずれ利用できなくなる。その前に地球温暖化が進行して、人口を維持できなくなるかもしれない。

この人口爆発、エネルギー枯渇、食料不足、地球温暖化は、近い将来の人類を考える上で避けることのできない問題だ。人類が絶滅するか、生き残れるかは、残された時間と人類の知恵との勝負だろう。近い将来、100年〜1000年という程度の短い時間は何とかやっていけそうだが、10万年、100万年などという長い時間を見れば、人類が存続できる条件はきわめて低い。

今現在でも、地球上の食料事情はきわめて逼迫《ひっぱく》している。「飽食の国ニッポン」にいては実感できないが、国連の専門機関ユネスコの調査では、毎日3万人もの子どもたちが飢餓が原因で死亡していると報告されている。地球上の食料と衛生管理の力を平等に配分すれば、まだまだ多くの子どもたちを救うことができるが、今の大量生産、大量消費、大量廃棄の経済システムでは解決できない。

大手のホテルや外食産業、スーパーやコンビニでは、期限切れの食品や弁当を規定により毎日廃棄している。その量は、国連や世界食糧計画が行っている難民支援、飢餓にあえいでいる諸国への食糧援助の数倍にものぼると言われている。まだ食べられる食物を廃棄することは、有限の地球資源を考えると絶対にやめなければならない。

高度成長期以降の日本は、エコノミック・アニマルと言われた。重厚長大を旗印にした経済至上主義の産業活動の結果、水俣病や四日市ぜんそくなど公害事件をたくさん引き起こした。今や中国がエコノミック・アニマル化して、有害物質を垂れ流し、エネルギーをむやみやたらと食い尽くして、その環境汚染の影響を日本はまともに受けているが、何やら歴史は繰り返すという感じだ。

■地球温暖化と異常気象

21世紀に入り、世界的な異常気象が続いている。日本でも毎年のように集中豪雨による土石流が発生し、多くの人命を奪いそれまでの生活基盤が失われている。ヨーロッパでも、北米でも同じような事象が続いている。グリーンランドの氷が解ける、北極海の氷の面積が年々減っていく、アルプスの氷河が退潮する、キリマンジャロの万年雪がなくなっていく、などなど。地球温暖化が進行しているのは間違いないことだ。

地球温暖化の大きな原因のひとつは、二酸化炭素の排出だ。18世紀の産業革命以来、化石燃料の消費の結果、二酸化炭素の排出が多くなり、植物の光合成による二酸化炭素の消費を上回るようになった。その結果、地球温暖化が進行している。このまま進行すると、地球の平均気温が4度Cも上昇すると警告されている。海水面が上昇し、太平洋に点在する海洋諸国が海の下に没してしまう。日本でもゼロメートル地帯と言われる沿岸部が、海水の下になってしまう恐れが現実化している。

また、地球温暖化により海水の表面温度が高くなり、そのために大量の雲が発生し、大型のハリケーンや台風が頻発し、住民の生活を破壊する。以前から日本の夏には夕立が降り夏の風物詩だったが、近年になりゲリラ豪雨という言葉も生まれ、いたるところに予想外の大量の雨が降るようになった。確かに、毎年のように繰り返される集中豪雨による大規模な土石流災害などを見ると、異常気象を実感する。

地球史から言えば、当面する温暖化よりも寒冷化が厳しいという意見もある。もし氷河期が来れば10万年のオーダーで地球表面が氷におおわれてしまうので、そうなれば人間が生き残れる保証はまったくない。しかし、今問題にすべきは地球環境を急速に変化させたことによって引き起こされた地球温暖化だろう。

2015年末、パリで開かれた国際気候変動枠組み条約第21回締約会議（COP21）は、2020年以降の地球温暖化対策の法的文書となる「パリ協定」を採択した。京都議定書（1997年採択）に代わり、史上初となる196ヵ国・地域が参加する温暖化対策の法的枠組みとなる。「パリ協定」は、世界の平均気温上昇を産業革命以前（1850年頃）から「2度C未満」に抑えることに加え、「1・5度C未満」を努力目標にすると明記。今世紀後半をめどに温室効果ガス排出の実質ゼロ（海や森林による吸収量が排出量を上回る状態）を目指す。そして、そのために5年ごとに目標を見直す機会を設定し、各国に国内対策を義務づけ、継続的な対策強化を求める内容になっている。これを受けて日本も世界の潮流に合わせて、どう取り組みを強化していくかが問われている。

■生物多様性問題

近年注目を集めている生物多様性はなぜ重要なのだろうか。生物多様性が大事だというのは、トキが絶滅した、コウノトリがいなくなった、あの美しい鳥がみられなくなったという情緒的な面だけが重要なのではない。

現在地球上には２００万種から３００万種ともいう生物が生息しているが、まだ発見されていない生物も多く、一説では記載されている生物の約10倍、３０００万種もの生物がいると言われている。こうした多様な生物が複雑に絡み合って精妙な生態系を作り上げている。しかし、近年の人類の生産活動によって自然環境が破壊され、生物多様性が非常な勢いで失われている。世界各地で森林や湿原が減少し、湖沼は富栄養化するとともに化学物質で汚染され、それに伴って多様な生物が地上から消えていっている。記載されている生物種が絶滅するだけではなく、その10倍もいるだろうという多くの未発見種も、人に知られる前に絶滅しているのだ。

このような生物多様性の消失とそれに伴う生態系の劣化が「生物多様性損失」と呼ばれている。これが生物多様性問題の中心だ。この生物多様性損失は、地球温暖化と並んで人間活動が引き起こした深刻な地球環境問題だ。

なかでも生物多様性ホットスポットと呼ばれる、生物多様性が急速に失われている地域がある。ホットスポットというのは、もともと生物多様性が非常に高い地域にもかかわらず、人類による環境破壊の影響で、生物多様性が急速に失われている地域のことだ。10年ほど前に多様性生物学者のノーマン・メイヤーズが定めたもので、その場所は地球上に34ヵ所ある。代表的なものをあげておくと、熱帯アンデス、チリ冬季降雨地帯、カリフォルニア植物相地帯、マダガスカル島、中国南西部山岳地帯、ニューカレドニア、中央アジア山岳地帯、日本などだ。生物多様性が失われる最も恐れの多い地域に日本全域が含まれている。

生物多様性が作り出している生態系の恩恵（生態系サービス）は実に多様で、大きく次の4点にまとめられている。

①「供給的サービス」は、食料、繊維、燃料、淡水など、人間に直接利益をもたらす物品の提供だ。食料が一番わかりやすい例だが、それ以外にも私たちの生活に直結している薬品も実は大部分が自然の恵みだ。有名なペニシリンは、アオカビが自らを細菌から守るために作り出した物質（抗生物質）だし、痛みどめとして使用されているアスピリン（アセチルサリチル酸）は、柳の樹皮からとられたものだ。抗がん剤として有名なタキソールはセイヨウイチイ由来だ。インフルエンザの特効薬と期待されているタミフルは、中華料理にも使われる植物の八角から取られたものだ。まだ発見されていない有用な物質は膨大なものにのぼるだろう。

②「調節的サービス」は、大気、気候、水、土壌、病気、花粉媒介、災害などを調節する生態系の機能だ。植物が光合成することで酸素を放出し、二酸化炭素を吸収する、昆虫が花粉を運んで受粉するなどは有名だが、それ以外にも畑のバクテリアが土壌を豊かにして農業生産を支えてい

る。多くは腐敗した動植物を分解する働きをしている。目には見えない大きさだが、バクテリアだけで１ヘクタール当たりで約６トンも生息しているという。さらにミミズや線虫も重要な働きをしている。なかでも線虫は、昆虫と同じくらいの種がいると言われるほど膨大な種（約１００万種）がいるが、こうした生物がはたしている役割はあまり注目を集めていない。

③「文化的サービス」は、レクリエーション、聖地、審美的な喜びなど、非物質的な価値の提供だ。世界自然遺産に登録されている大自然、たとえば、知床半島の例を考えればよくわかる。海と山の物質循環が大規模に行われていることを実感できる。

④「基盤的サービス」は、①〜③のサービスを維持するための、水・物質循環、１次生産（植物や植物プランクトンが炭水化物を合成するプロセス）を指す。棚田を含む全国の水田は、主食のコメを作り出す「供給的サービス」だけではなく、大量の雪解け水や梅雨時期に降る水を保つ巨大な水槽、貯水ダムとしても働き、環境を一定に保つ大きな力を発揮している。

こうした重要な働きを持っている生物多様性が、人類の生産活動によって失われていけば、それが人類の生存自体を脅かすことにつながっていく。

■「適者生存」は弱肉強食ではない

ダーウィンの進化論では、自然淘汰が進化を進める一番の要因だから、すべてが弱肉強食の世界だと思われがちだ。人間社会も競争万能で、経済戦争に生き残ったものが勝者で、勝者こそが適した遺伝子を持っている、「勝ち組」こそ適者で「負け組」はそうではない、という単純なものの見方がある。しかし、生物学的にはそうした理解は正しくない。その理由は大きく言って3つある。
第1には、自然選択には強者も弱者もないことだ。自然選択は最も適した遺伝子を選択するように働くので、肉食動物では力強い個体、早い足、強い牙をもった個体が生き残り、草食動物でも、逃げ足の速い個体が生き残り、そこには強者も弱者もない。弱者もそれなりに生き残ってくるからだ。

第2には、これが大事なのだが、遺伝子がすべてを決めているわけではないからだ。以前は、自然選択によって環境に適応した個体が選択される→選択されるのは遺伝子だ→行動もすべて遺伝子で決まる、という三段論法で、遺伝子がすべてを決めていると考えがちだったが、今はそうではない。同じ遺伝子を持っているにもかかわらず、環境によってまったく違う表現型が現れることがわかってきた。専門的には「表現型可塑性」と言う非常に面白い現象で、その仕組みは「エピジェネティクス」と呼ばれ、最近注目を集めている。わかりやすいのが、まったく同じ遺伝子を持っているはずの一卵性双生児でも、成長するに従い個性が現れることだ。

表現型可塑性というのは、同じ遺伝子を持っていても、環境によって遺伝子の発現が違い、その結果生き物の生存戦略も変わることだ。

一番有名なのはサケ科魚類の陸封型と降海型の違いだ。海でとれる大きなサクラマスと渓流に住むヤマベは生物種としては同じものだ。サクラマスは、海に降りて大きく成長したもの（降海型）

だが、ヤマベは海に降りることなく小型のまま成熟する（陸封型）。両者は持っている遺伝子は全く同じだが、どのような環境を選ぶか、どのような環境に置かれるかで、遺伝子の発現が異なり形も生き方も違っている。

小型のヤマベは成功しなかった個体のように思われるが、実はそうではない。海に降りず川にとどまるので体は大きくはならないが、それなりに自らの遺伝子の生き残りを果たしている。同じように、海に降りた個体はサクラマスになることで自らの遺伝子を残すわけだ。どちらが勝者か敗者か、適者か非適者か、という関係にはない。

大事な点は、陸封型（ヤマベ）と降海型（サクラマス）が、彼らが持っている遺伝子によって決まっているわけではないことだ。ヤマベの子どもが代々ヤマベになり、サクラマスの子がその遺伝子によってサクラマスになるわけではない。ヤマベの卵から発生した稚魚・幼魚がちょっとした環境の違いで、大型のサクラマスになることもある。逆に、サクラマスの子がヤマベにもなれる。個体がその時の一番よいと思われる環境を選び、それが遺伝子の発現を決めているのだ。だから遺伝子がすべてを決めていると考えることはできない。

第3には、人間社会は遺伝子（ジーン）だけではなく文化遺伝子（ミーム）も大きな影響をもっていることだ。短時間で遺伝子が変化することはないが、ミームは文化の担い手だから、急速に変化し、次世代に伝わる。その意味では、第7章で述べた教育の役割が決定的に大事だ。

さらに第1章で述べたように、ヒトは人間社会を作ることで、3次系列という他の生物（2次系列）とは違う立場になった（18ページ図1）。自然淘汰の世界から逸脱し始めたので、その意味でも適者生存の原則は適用できない。

■人類の未来像1～自然選択からの逸脱

人間の未来像を生物学の視点から考えてみる。

生物はすべて進化の法則にのっとりさまざまな環境に適応してきた。遺伝子をいかに残すかに全力を傾け、生存闘争に明け暮れ、その結果が生涯繁殖成功度に結実する。環境に適応できなかった生物は生き残れない。しかし、ヒトは進化に沿って人になってきたが、現代人は繁殖成功度だけを目標に生きているわけではないから、その生存競争・自然淘汰の道から外れてきているのは間違いない。

ヒトは基本的に生物の一種だが、他の動物には見られないほどの大きな大脳を発達させてきた。第1章で述べたが、全宇宙の物質は、主系列（無機的な物質世界）とそれから派生した2次系列（生物世界）に分けることができる。2次系列は、生物学の世界で、適者生存という自然淘汰が貫徹する世界だが、そこからさらに派生した人間社会（3次系列）では、自然淘汰という生物法則が必ずしも働かない。人間社会にはヒューマニズムがあるからだ。

自然淘汰が中心の世界では、突然変異で生じた異常遺伝子の多くは次第に淘汰されていくが、ヒューマニズムに基づく世界では、そうした異常遺伝子も生き残る。人間社会では、1人ひとりの人権が最重要視されるので、障害者も等しく人権が認められ、弱者とともに生きていくことがヒトの道だ。そのため野生動物では生き残れない遺伝子も人類社会には生き残っていく。

今の技術では、異常遺伝子そのものを治療することはできない。親から引き継いだ遺伝子は、正常であれ異常であれすべての細胞に引き継がれる。ヒトの体を構成している細胞は60兆個もあり、その１つひとつの細胞の核に遺伝子が収まっているわけだから、そこにある異常遺伝子を１個１個取り出してすべて正常にすることは原理的にはできないからだ。最近になり「ゲノム編集」という遺伝子操作の新技術が発達して、体外に取り出した細胞の異常遺伝子の一部のＤＮＡ配列を正常な配列にすることが可能になった。だから、将来的には遺伝子病を克服できるようになるだろう。しかし、生殖細胞（卵子や精子）のＤＮＡ配列にヒトの手を加えることには大きな倫理的な問題がある。

今ではそれに変わる方法として、妊娠時に都合の悪い遺伝子を選ぶ「出生前遺伝子診断」が行われるようになった。日本でもすでに新しい出生前遺伝子診断が行われるようになった。これまでの出生前検査は、たとえば超音波断層法（エコー）や母体血清マーカー検査がやられてきたが、最近注目を集めている新型出生前診断は、採血だけという簡便な方法で、かなりの確率で染色体異常や遺伝子疾患が見つかるようになった。こうした技術の進歩自体はいいのだが、遺伝子疾患が見つかったケースでは中絶する率が高まっている。少しでも障害があれば排除するという風潮は、ナチズムの優生思想ともつながりかねない。

以前は、X染色体に載っている遺伝子の異常によって起きる赤緑色覚異常者は、医学部への進学が認められていなかった。しかし、今ではそうした差別はない。遺伝子疾患にはさまざまなものがあるが、多くは「遺伝子の多型」の範囲内と考えられており、そうした障害も個性のひとつであると受け止められつつある。このように障害の範囲、障害の程度も時代とともに変化していくので、遺伝子の異常があるからと言って、すべて人工中絶により出生を排除してしまい、変異遺伝子をヒトの遺伝子プールから取り除くことには賛成できない。そうした傾向は差別を助長する可能性があるからだ。

■人類の未来像2～機械との連結

ヒトは集団の中でしか生きていけない動物なので、周りの人との結びつきを本能的に求めている。だから、スマートフォンやパソコンでSNSを利用する傾向はなくならない。地球上に住む多くの人がネットでつながって生きる世界が嫌でもできてくる。今スマホ中毒が問題となっているが、今後もなくならないだろう。

コンピューター技術が発展し、脳を含めて機械化される事態も考えておかなければならない。現在は脳波を使って機械を動かす補助器具、補助ロボットが開発され、最先端のものは末梢神経の興奮を拾って機械を動かす機能ロボットも開発されている。将来的には脳と機械の融合がおきるだろう。

巨大脳がコンピューターを介してネットワークを作る社会は、微小脳しか持たない社会性昆虫が巨大な社会を作っているのに似ている。昆虫は個々の脳は非常に小さく、判断も単純なものしか下せないが、それがネットワークを形成することで、非常に複雑な社会を形成している。よく知られる例としては第2章で説明したように、ミツバチが８の字ダンスで仲間に餌場を教える、ハキリアリが農業を行うように、社会性昆虫の合理的な社会は極限まで進化した。

わずか１００万個の神経細胞しか持っていない社会性昆虫の脳でも、５万匹、１００万匹のネットワークを作れば、想像を絶するような世界を作り上げることができるのだ。社会性昆虫は巨大なネットワークで巧妙に生きているが、そこには特定の司令部がないことが大きな特徴だ。それを、ヒトの社会に置き換えてみればどうだろう。ネットワークによるコミュニケーションがさらに進化し成熟すれば、権力をもった人が世界を支配するのではなく、司令部のない人間社会ができるかも知れない。

■人類の未来像3～男はいなくなる？

これまで述べてきたように生物の種は絶滅を繰り返してきたので、生物種としてのホモ・サピエンスは間違いなく絶滅せざるを得ない。どのくらい先になるかはわからないが、地球の生存期間があと40億年だから、間違いなくその前に人類はいなくなる。これは先の先の話だからどうでもよいが、大事なのは近未来の話だ。

それは、人間の男は不要で、次第にいなくなるのではないかという点だ。ヨーロッパでもアメリカでも日本でも男性の精子が減少していると言われている。不妊の原因は昔は女性の方が強く責められていたが、今では男性が原因の不妊が増えている。環境ホルモンの影響や社会ストレスの増大が言われているが、その原因はわかっていない。ただし、精子がなくとも子どもを作る方法が開発されているから、最終的には男性の必要性は薄れていく。

生物学的には、Y染色体がどんどん小さくなっている。詳しい話は省略するが、男と女を決めているのは性染色体だ。Y染色体にSRYという男性決定遺伝子が載っていて、これがあれば男になるが、そのY染色体がどんどん小さくなっているのだ。このまま小さくなると1400万年後にはY染色体は消失するだろうと言われている。Y染色体がなくなれば、男ができなくなると単純には考えにくいが、いずれにせよ男が必要ない時代が来るかもしれない。

男が不要だというもうひとつの要因は、ノーベル賞を受賞した京都大学・山中教授のグループが開発したiPS細胞のためだ。iPS細胞は人工多能性細胞だが、実験処理することによりさまざまな細胞に分化させることができる。ヒフの細胞から、心臓の細胞、神経細胞、筋肉の細胞などをつくることができるようになった。実際の治療としても、2015年には網膜の細胞を作って移植するというプロジェクトも認可された。将来的には多くの失われた臓器をこの細胞を使うことによって再生させることができるようになるだろう。

この技術を発達させると男性の細胞から卵子を、女性の細胞から精子を作ることができるようになる。男性の細胞から卵子を作ることもできるが、男ひとりでは子どもを作れない。今のところ人工子宮がないので、女性がいなければ妊娠できず、さらに母乳を出すことはできないからだ。しかし女性の細胞から精子を作れば、自分の卵子を授精させて妊娠し、女性だけで生殖することが可能になるのだ。

こうしたことから男は不要になる時代が来るだろうと思う。詳しくは拙著『なぜ男は女より早く死ぬのか』（ソフトバンク新書、２０１３年）参照のこと。

■悲観的プログラムと楽観的プログラム

地球自体の寿命が決まっているので、人類も絶滅するのは間違いない。それは何億年という長いスパンを考えてのことだから、今問題にはしない。人類が絶滅するかどうかを、太陽系の存続自体とは独立して考える必要がある。存続する条件があるにもかかわらず、内的な条件・外的な条件で絶滅するということだ。

悲観的なプログラムは、比較的早いうちに人類は滅亡するという見通しだ。爆発的な人口増をまかなうだけの食料が得られないこと、エネルギー消費が増大し、資源の枯渇、道徳の腐敗・退廃が進行するというシナリオもある。最悪のケースは、熱核戦争だ。インド、パキスタンの核保有に引き続き、北朝鮮、イラク、イランの核開発・核拡散に歯止めがかからず、場合によっては核兵器がテロリストの手にわたる可能性も十分ある。いまなお米・ロを中心に多数の核兵器が廃絶されずに放置されているので、その危険性はいまだなくならない。

それに対する楽観的プログラムは、人類の英知でそれを乗り切るというプログラムだ。ローマ・クラブが提唱した「持続可能な開発」を推し進め、有限の化石燃料に頼らない代替エネルギーの開発、自然の循環型エネルギーの利用促進により、「宇宙船地球号」の寿命を延ばすことが可能だろう。そのためには科学技術の発達が前提になる。

科学技術の進歩には「両刃《もろは》の剣《やいば》」の側面がある。人類福祉に貢献する有用な面も大きいが、予想もしえない事態に立ち至ることもある。わかりやすい例が原子力エネルギーの利用だ。平和利用すれば、人間社会への大きな貢献だが、原子爆弾という戦争の道具とされ、取り返しのつかない悲惨な結果をもたらした。

原爆開発について言えば、一般相対性理論をとなえ20世紀最大の知性と言われたアインシュタインは、ナチス・ドイツに対抗するためとはいえ、アメリカのルーズベルト大統領に対して、原爆製造を促す進言書に署名した。戦後アインシュタインはそれを悔いて、晩年まで平和運動に貢献した。

もうひとつの例は、殺虫剤のＤＤＴ（ジクロロ・ジフェニル・トリクロロエタン）だ。この薬は、有機塩素系の強力な殺虫剤で効果抜群、ＤＤＴの殺虫効果を発見したスイスの技術者パウル・ヘルマン・ミュラーにはノーベル生理学・医学賞が与えられた。それほど素晴らしい研究とされたのだ。

しかし、ＤＤＴはほとんど分解されることがないので、環境にいつまでも残ることが後からわかってきた。残留するだけではなく食物連鎖を通じて生物濃縮される。海鳥に濃縮されて卵殻を弱くするので孵化《ふか》できない海鳥が出てきて大問題となった。そのため、ＤＤＴの開発者にノーベル賞を与えるべきではなかったのではないかという議論が起こったほどだ。

一方、低開発諸国や熱帯地域の国では、マラリア撲滅のためにはＤＤＴが絶対に必要だという議論もあり、事情は複雑だ。戦後のフィリピンでは、ＤＤＴでマラリアを媒介するハマダラカを撲滅したために、マラリアで死亡する患者が年間数十人にまで激減した。しかし、ＤＤＴが禁止された後、再びマラリアが猛威をふるい、その死者は２５０万人にものぼったという。

このように科学技術の進歩にはいくつかの難しい問題があるが、いずれにせよ科学の進歩以外に人類の未来がないのは間違いない。

■「許しと融和」にこそ、地球の未来はある

徹底した黒人・有色人差別（アパルトヘイト）を続けて国際社会から厳しい指摘を受けた南アフリカ連邦が、故マンデラ大統領によって新しい国づくりを始めてからもう20年近くたった。イギリス支配の植民地から独立した南アフリカ連邦は、徹底した有色人差別で、特に黒人を圧政下に置いていたが、国際世論の波と、マンデラ元大統領らが率いる黒人運動を中心とする長い戦いによって１９９４年ついに国政が刷新され、民主的な選挙によってマンデラ大統領が選出され、新しい国

（南アフリカ共和国）に生まれ変わった。

その際、彼が一番重要視したのは国民融和という考え方だった。それ以前に徹底的に弾圧され搾取され、殺された黒人が民主的な力によって国政を任された以上、昔の怨念と憎しみだけを燃やしていては新しい国づくりはできない。黒人の主権を主張して1歩も引かず28年間牢獄《ろうごく》に閉じ込められた経験をもつマンデラ元大統領が、一切の報復を禁止し、許しと融和を前面に押し出したのだ。

過去の非人間的な黒人差別、武力による弾圧と投獄・虐殺に対して、徹底して過去を許す政策を実行し、国の隅々にまで広げた実行力と信念は、国民の期待を一身に背負ったとはいえ、なまなかのことでは実現しない理想だ。この許しと融和こそが人類の生き延びる唯一の道だろう。

第7章で述べたように、生物学的に見ると人間には争う心と許しの心がある。ヒトが今後どのように生きていくかには、2つの道しかない。野生動物時代の「殺しと争いの遺伝子」に支配されて生きるか。それとも、「許しと助け合いの遺伝子」の面を発展させて、人間らしい世界を形成するかだ。

昨年（2015年）起こったパリの同時多発テロ事件をきっかけに、欧米で移民の排斥を掲げる極右勢力の台頭が目立ってきた。圧倒的多数のイスラム教徒はテロリズムとは無縁であり、2000万人超と言われる欧州のイスラム教徒は今や、欧州社会の不可欠の部分をなしている。共存する以外に道はない。日本でも近年、特定の人種や民族への憎しみをあおるヘイトスピーチの団体が活動する。偏狭なナショナリズムによる排外主義は、人類から寛容と融和の精神を奪い、対立と紛争を生む。それを防ぐためにも、互いの文化や宗教、価値観に対する「不寛容」ではなく、それらを互いに「尊重」しあうことがどうしても必要である。

21世紀は、国連総会が定めた「異なる文明間の対話年（２００１年）」で始まった。しかし、それはアメリカのブッシュ政権が同年10月に開始したアフガニスタン報復戦争、２００３年３月開始のイラク侵略戦争により、深刻な否定的影響を受けた。大国が自らのモデルを力で押しつけようとした「民主化構想」は、今も続く戦争の泥沼と混乱をもたらし、欧米諸国とその文明に対する憎しみをあおり、テロの温床をつくりだした。

国連総会は２００６年にいたって初めて、包括的なテロ対策決議を全会一致で採択した。決議は「すべての形態と現れにおけるテロリズムを、それが誰に対して、またどこで、何の目的で行われようとも、国際の平和と安全に対する最も深刻な脅威をなすものとしてあらためて強く非難」し、テロ行為は「人権、基本的自由および民主主義の破壊を目的とした活動」だと述べている。

国際社会による、テロの温床をなくす真剣な努力が求められている。

非暴力と無抵抗主義、民主主義、平和主義には普遍的な価値がある。人類が生き残るためには、内なる「人殺し」遺伝子、「復讐の遺伝子」の発現を理性で抑制する以外に道はないだろう。口でいうのは簡単だが、人は殴られたら殴り返したくなるので、なかなか難しい。しかし、「やられたらやり返せ」、「目には目を、歯には歯を」の原則では、世の中から争いがなくならない。

非暴力と無抵抗主義の考えの原点は、インド独立の父マハトマ・ガンジーに見ることができる。

徹底した非暴力主義、不服従の抵抗運動で、絶対的な権力をもっていた大英帝国の支配に終止符を打ったのだ。今、世界各地で横行する暴力の応酬、やられたらやり返すという「復讐の連鎖」を見るときに、こうした先人の知恵と輝きに見習うべきだろう。イスラム原理主義の蛮行を阻止するために、アメリカを中心に武力で解決する方法を採っているが、こうした暴力対暴力を行っている限り、真の問題解決にはならない。

■スポーツの祭典と地球の未来

世界的なスポーツの3大祭典は、4年ごとに開かれるオリンピック・パラリンピック、サッカー・ワールドカップ、そしてラグビー世界大会だと言われている。日本ではオリンピック大会が一番人気だが、世界的にはFIFAサッカー世界大会が、国連の加盟国(193ヵ国)を上回る参加国・地域数(203ヵ国)を誇り、人気、観客とも一番だ。2019年に日本で開催される予定のラグビー世界大会は、これまで日本での人気がなく心配されていたが、2015年イギリス大会で日本チームが強豪南アフリカを破り、予選リーグで3勝を挙げる大活躍をして人気上昇中だ。最後にこうしたスポーツのもつ役割を考えて終わりにしよう。

サッカーはもともと戦争の代替行為だと考えられる。サッカーの起源については諸説あるが、一番有力なのは、中世イングランド説。8世紀頃のイングランドでは戦争に勝利した側が、敵国の将軍の首を切り取り、その首を蹴って相手を貶《おとし》めると同時に戦争に勝利したことを称《たた》えたことが始まりとされている。それが、民衆の中である種のゲーム（モッブゲーム）という「祭り」とも「遊び」ともいうものになった。王妃が将軍の首に見立てた球（ボール）を城から投げ、それを民衆が一斉に隣町の門（ゴール）まで競い合って蹴りこむというものだったらしい。もともとは相手を侮辱するためにやられたのだ。こうした野蛮な風習が背景にあるからか、今でも興奮したファンが乱暴を働く、乱闘する、場合によっては死を招く事件が多発する。

体をぶつけ合うスポーツの多くにはこうした背景があるので、ある意味では戦争の代替行動といってよい。だから、そこにきちんとしたルールや相手に対するリスペクトがなければ、単なる野蛮な戦闘行為、けんかと一緒になってしまう。偏見や差別があったらサッカーをはじめとする多くのスポーツは成立しない。ルールにのっとり、フェア・プレイの精神で戦うことで、観るものを興奮させ、感動させるのだ。

スポーツにはこうした背景があるので、そのスポーツの力によって戦争を阻止することもできる。有名な例は、２０１４年のサッカーワールドカップ・ブラジル大会で、日本が対戦したコートジボワールのキャプテン、ドログバ選手の言動だ。ブラジル大会での日本の初戦の相手は、アフリカ代表のコートジボワール。日本は最初本田圭佑選手の劇的なゴールで有利に試合を進めていたが、途中でドログバ選手が加入して以来あっという間に2点をとられて、そのままなすこともなくずるずると負けてしまった。ひとりの偉大な選手の登場によって、大会場も地鳴りのような歓声が巻き起こり、それによってコートジボワールの選手は見事に生き返り、日本チームは打つ手打つ手が後手に回ってしまった。その後第2戦（対ギリシャ）は引き分け、第3戦（対コロンビア）には負けてしまった。

その引き金となったドログバ選手は、以前内戦状態にあったコートジボワールの国民に呼びかけ、国民の意識を統合させ、内戦を終わらせる大きな力を発揮した人物だ。このようにスポーツには、民衆を糾合し、戦争を終わらせ、平和を作り出す力もあるのだ。

1995年南アフリカ共和国で開催された第3回ラグビー世界大会も、人種差別を根絶し、平和な世界をもたらす大きな役割を果たした。徹底した人種差別（アパルトヘイト）によって、国際社会から批判を浴び、スポーツ界から除名されてきた南アフリカが、マンデラ大統領に率いられた民主化運動の結果ようやく国際社会に復帰した記念的な大会だ。日本ではラグビー人気はそれほど高くはないから、あまり有名ではないが、その祭典が果たした役割は今や語り草になっている。

2015年になって、国際サッカー連盟（FIFA）の中心的な役員が収賄容疑で大量に逮捕された。昔からFIFAをめぐっては金銭疑惑が取りざたされてきたが、ついに吹き出した感じだ。この際一切の膿《うみ》を出し切ることが大事だ。オリンピックも、アマチュア主義からプロ容認へとかじを切り、過剰な宣伝と高額の放映料による商業主義が蔓延し、2002年のソルトレイクシティ冬季五輪招致に絡んで買収疑惑が発覚したことがある。その時不正にかかわった委員を追放し、開催地の決定方法も変えてIOC（国際オリンピック委員会）は一定の信頼を回復した。FIFAもこうしたIOCなどの経験に学んで、一切の腐敗を断ち切る組織的改革を果たさなければならない。

まず、2018年のロシア大会、2022年のカタール大会を同時決定した理事会をやり直し、少なくともカタール大会は白紙に戻して、別の会場にするなどの措置が必要だろう。

スポーツをすること、スポーツを見ることによって、ヒトが本来持っている「争う遺伝子」を一部満足させることができる。スポーツの力で人種差別を乗り越え、戦争の傷を修復し、戦争の危機を回避することができることを信じ、終わりにしよう。

あとがき――われわれはどこへ行くのか

印象派の画家ゴーギャンの残した最後の作品「われわれはどこから来たのか、われわれは何者か、われわれはどこへ行くのか」は現代に生きる人間にとっても非常に大事な視点、「自然との共生」を提供している。18世紀の思想家で今も大きな影響を残しているJ・ルソーも、当時の不平等社会の不正義をみて、「自然へ帰れ」と述べている。その自然との共生の考え方は、日本の縄文時代に見られる。

日本の歴史を見ても争いと殺し合い、勢力争いがほとんどだが、縄文時代の1万年の間にはほとんど大きな争いはなくきわめて安定した時期を過ごしたようだ。世界の歴史を見ても、1万年の長きにわたって本格的な戦争・組織的な人殺しのなかった時代は珍しい。人類と地球の将来のキーワードである持続的発展のモデル・ケースだろう。

石川啄木の話でまえがきを始めたが、１００年もの間、日本人の心配、特に戦争への不安はなくなっていない。特定秘密保護法が制定され、「戦前回帰」とも言えるような強権的な考えがまた復活しそうだ。「歴史は繰り返す、一度は悲劇として、二度目は喜劇として」という言葉があるが、はたしてどうなるだろう。もし次に歴史が繰り返されれば悲劇や喜劇にとどまらず、「劇の幕を閉じて」しまうことになりかねない。このことを第2次大戦直後に指摘したアインシュタインの予言を紹介して終わりにしようと思う。

「第3次世界大戦がどのような兵器で戦われるかはわかりませんが、第4次世界大戦ならわかります。石と棍棒《こんぼう》です」。つまり第3次世界大戦はすべての文明を破壊するのだ。そうならないために、縄文以来の「争わない遺伝子」を引き継いだ、しかも唯一の被爆国である日本と日本人が、核兵器のない平和な世界を作っていく先頭に立たなければならない。

本文中に何度か登場したノーベル賞受賞の益川敏英さんがいうように、100年のスパンで見れば人間社会は確実に前進しており、人類の未来はそう悲観したものではない。それを信じて、生物としてヒトの持っている「争う遺伝子」の発動を抑え、「助け合いの遺伝子」が十分発現できる世の中を作るために声を上げていこうと思う。

私は高校時代からの友人・安岡譽氏から誘われて、札幌学院大学の市民向け講座の「人間理解学講座」を2人で担当する機会をいただいた。この本はその時の話を中心にまとめたもので、内容の一部は安岡氏の話に大きく触発された。

本書の出版に当たり、新日本出版社編集部の久野通広さんには大変お世話になった。記して感謝申し上げる。

本書で一番訴えたいことは、教育の力だ。もちろんヒトも生物の一種で、基本的には遺伝子に縛られているが、ヒトにはその遺伝子の縛りを克服する力があるということだ。

二〇一六年一月　　若原正己

【主要参考文献】

アル・ゴア著『不都合な真実』ランダムハウス講談社、枝廣淳子訳、２００７年
池上　彰著『おとなの教養　私たちはどこから来て、どこへ行くのか？』ＮＨＫ出版新書、２０１４年
池谷裕二著『進化しすぎた脳』講談社ブルーバックス、２００７年
池田清彦著『「進化論」を書き換える』新潮文庫、２０１５年
石浦章一著『遺伝子が明かす脳と心のからくり』羊土社、２００４年
伊勢崎賢治著『本当の戦争の話をしよう』朝日出版社、２０１５年
内田　樹著『最終講義　生き延びるための七講』文春文庫、２０１５年
エドワード・Ｏ・ウィルソン著『人類はどこから来て、どこへ行くのか』化学同人、斉藤隆央訳、巌佐　庸解説、２０１３年
ＮＨＫスペシャル取材班『ヒューマン　なぜヒトは人間になれたのか』角川書店、２０１２年
帯刀益夫著『われわれはどこから来たのか、われわれは何者か、われわれはどこへ行くのか―生物としての人間の歴史』ハヤカワ新書、２０１０年
カール・セーガン著『エデンの恐竜』長野　敬訳、秀潤社、１９７８年
環境省・文部科学省・気象庁共同制作『日本の気候変動とその影響』２０１２年度版、http://www.env.go.jp/earth/ondanka/rep130412/report_full.pdf　２０１３年
ケネス・Ｊ・マクナマラ著『動物の発育と進化―時間がつくる生命の形』工作舎、田隅本生訳、２００１年
瀬川拓郎著『アイヌ学入門』講談社現代新書、２０１５年
スティーヴン・Ｊ・グールド著『ワンダフル・ライフ―バージェス頁岩と生物進化の物語』ハヤカワ文庫、

渡辺政隆訳、２０００年
スティーヴン・Ｊ・グールド著『個体発生と系統発生』工作舎、仁木帝都・渡辺政隆訳、１９８７年
スヴァンテ・ペーボ著『ネアンデルタール人は私たちと交配した』文藝春秋社、野中香方子訳、２０１５年
高岡大介（ＮＨＫ取材班）著『人間はどこから来たのか、どこへ行くのか』角川文庫、２０１０年
チップ・ウォルター著『人類進化７００万年の物語』長野 敬・赤松眞紀訳、青土社、２０１４年
ドネラ・Ｈ・メドウズ著『成長の限界―ローマ・クラブ「人類の危機」レポート』ダイヤモンド社、大来佐武郎監訳、１９７２年
ドネラ・Ｈ・メドウズ、デニス・Ｌ・メドウズ、ヨルゲン・ランダース著『成長の限界 人類の選択』ダイヤモンド社、枝廣淳子訳、２００５年
中野信子著『脳内麻薬』幻冬舎新書、２０１４年
日本生態学会編 宮下 直・矢原徹一責任編集『なぜ地球の生きものを守るのか』文一総合出版、２０１０年
馬場悠男編『人間性の進化 ７００万年の軌跡をたどる』別冊日経サイエンス１５１、２００５年
ピーター・レーヴン、Ｇ・ジョンソン、Ｊ・ロソス、Ｓ・シンガー著『レーヴン／ジョンソン生物学 上・下』培風館、Ｒ／Ｊバイオロジー翻訳委員会監訳、２００７年
福岡伸一著『生物と無生物のあいだ』講談社現代新書、２００７年
福岡伸一著『動的平衡 生命はなぜそこに宿るのか』木楽舎、２００９年
フランス・ドゥ・ヴァール著『道徳性の起源 ボノボが教えてくれること』紀伊國屋書店、柴田裕之訳、２０１４年
フリードリッヒ・エンゲルス著『家族・私有財産・国家の起源』戸原四郎訳、岩波文庫、１９７７年

【主要参考文献】

益川敏英『科学者は戦争で何をしたか』集英社新書、2015年
水波　誠著『昆虫―驚異の微小脳』中公新書、2006年
溝口優司著『アフリカで誕生した人類が日本人になるまで』ソフトバンク新書、2011年
三井　誠著『人類進化の700万年　書き換えられる「ヒトの起源」』講談社現代新書、2005年
ミルトン・フィンガーマン著『比較動物学　アメーバからヒトまで』培風館、青戸偕爾訳、1982年
宮川　剛著『「こころ」は遺伝子でどこまで決まるのか　パーソナルゲノム時代の脳科学』NHK出版新書、2011年
藻谷浩介・NHK広島取材班著『里山資本主義―日本経済は「安心の原理」で動く』角川oneテーマ21、2013年
山極寿一著『暴力はどこからきたか　人間性の起源を探る』NHK出版、2007年
山極寿一著『父という余分なもの　サルに探る文明の起源』新潮文庫、2015年
リチャード・ドーキンス著『利己的な遺伝子』紀伊國屋書店、日高敏隆ほか訳、2006年（増補新装版）
若原正己著『黒人はなぜ足が速いのか「走る遺伝子」の謎』新潮選書、2010年
若原正己著『なぜ男は女より早く死ぬのか　生物学から見た不思議な性の世界』ソフトバンク新書、2013年

若原正己（わかはら　まさみ）
1943年、北海道生まれ。北海道大学理学部卒、同大学院理学研究科博士課程修了、理学博士。1970年から北海道大学理学部で研究・教育に従事。両生類の実験発生学が専門で、主な研究テーマは「遺伝子発現に及ぼす環境因子の影響」。2007年に北海道大学を定年退職。
著書に『黒人はなぜ足が速いのか』（新潮選書）、『シネマで生物学』（インターナショナル・ラグジュアリー・メディア）、『なぜ男は女より早く死ぬのか』（ソフトバンク新書）などがある。
http://ameblo.jp/3491mw/

ヒトはなぜ争《あらそ》うのか——進化《しんか》と遺伝子《いでんし》から考える

2016年1月25日　初　版
2016年3月15日　第2刷

著　者　若　原　正　己
発行者　田　所　　稔

郵便番号　151-0051　東京都渋谷区千駄ヶ谷4-25-6
発　行　所　株式会社　新　日　本　出　版　社
電話　03（3423）8402（営業）
03（3423）9323（編集）
info@shinnihon-net.co.jp
www.shinnihon-net.co.jp
振替番号　00130-0-13681
印刷・製本　光陽メディア

落丁・乱丁がありましたらおとりかえいたします。

ISBN978-4-406-05962-6　C0040　Printed in Japan